우리가 반드시 알아야 할

지구 온난화의 모든 것

A GLOBAL WARMING PRIMER: Answering Your Questions About the Science, the Consequences, and the Solutions by Jeffrey Bennett

우리가 반드시 알아야 할

지구 온난화의 모든 것

제프리 베넷 지음 | 한귀영 옮김

사람의무늬

이 책에 쏟아진 찬사

질문에 대한 답변으로 설명하는 이 책의 서술 방식은 일반인들이 지구 온난화 문제에 대해 좀 더 명확하게 이해하도록 돕는다. 또한 이 문제에 대한 관심을 가질 필요성을 잘 설명하고 있다.

________ **조지 슐츠**(전 미국 국무장관, 후버 연구소)

저자는 다른 사람이 할 수 없는 일을 해냈다. '기후 변화'라는 이 복잡한 주제를 일반인들이 잘 이해하도록 했다. 이는 정말 엄청난 업적이다. 이 책을 통해 현재 우리가 직면하고 있는 '가장 논쟁적인' 중요한 주제에 대한 기초 지식을 갖게 되었다.

________ **빌 리터**(전 콜로라도주 주지사, 『Powering Forward』 저자)

이 책은 우리에게 미래를 약속하고 있다. 저자는 누구나 쉽게 이해할 수 있는 표현과 정확한 어휘로 기후 변화의 과학을 명쾌하게 설명해 주고 있다. 그리고 우리가 미래에 직면하게 될 문제를 해결할 수 있는 해법을 통찰력 있는 설명으로 마무리하고 있다.

________ **앤 리드**(미국 과학교육센터 사무총장)

미래를 걱정하는 모두가 명쾌한 통찰력으로 가득찬 이 책을 반드시 읽어야 한다. 이 책은 기후라는 복잡한 주제를 명확하고 예시적인 방식으로 다루고 있다. 통찰력 있는 접근 방식은 이 주제에 무지한 사람도 쉽게 이해할 수 있으며, 기후 전문가에게도 흥미를 불러일으킬 수 있을 만큼 신선한 전망을 보여주고 있다.

________ **윌리엄 가일**(전 미국기상학회 회장)

이 책은 기후 변화에 대한 회의적 논쟁의 상식적인 부분을 다루고 있다. 이 책은 기후 변화 옹호자 및 회의론자의 주장과 신념을 하나씩 분류하는 방식으로 서술하고 있다. 이 책은 지표면 온도 상승의 완만함과 기후 변화 정책 변화와 같은 최신 정보를 다루고 있다. 나는 기후 변화 해법에 대한 저자의 낙관적 관점에 동의한다.

_________ **피어스 포스터**(기후 변화에 관한 정부 간 협의체[IPCC] 이사, 영국 리즈 대학교 교수)

친절하고, 권위가 있는 이 책은 기후 변화에 대하여 우리가 알아야 할 것과 왜 우리가 기후 변화에 대비해야 하는지 알려준다.

_________ **칼 짐머**(『진화: 모든 것을 설명하는 생명의 언어』 저자)

이 책은 다양한 수준의 독자에게 전부 적합하며 높은 가치가 있다. 지구 온난화의 과학적 이해와 현실에서의 해결 방안에 대한 연관성을 토론과 설명, 그리고 증거를 가지고 질문과 답변 형식으로 서술함으로써 누구나 쉽게 접근할 수 있게 만들었다.

_________ **페릴린 모로 박사**(미국 예술과학교육센터 설립자, 미국 지구물리학 SPARC 수상자)

간결하고, 명확하고, 유용한 정보로 가득찬 책이다. 기후 변화에 대하여 정확한 정보를 알고 싶다면 반드시 읽어야 한다. 정치적 논쟁에서 한 걸음 벗어나서, 이 책은 당신이 필요로 하는 알 수 없는 미래에 대한 과학적, 경제적 정보를 제공할 것이다.

_________ **스펜서 위어트**(『지구 온난화를 둘러싼 대논쟁』 저자)

기후 변화에 대하여 호기심이 많고, 관심이 많은 사람에게 기후 과학에 대하여 이보다 더 명확하게 설명한 책을 찾기는 힘들 것이다. 저자는 명확한 설명과 놀랍도록 단순한 예를 가지고 많은 기후 관련 과학자들이 우리에게 수십 년간 협박한 요인들을 모두 치워버렸다.

_________ **윌리엄 베커**(미국 대통령 직속 기후 행동 프로젝트 책임자)

지구 온난화의 원인과 영향에 대해 놀랍도록 명쾌한 설명을 하고 있으며, 우리가 앞으로 어떤 일에 관심을 가져야 하는지 알려주고 있다.

데비드 북 바인더, 데비드 베일리(Element VI consulting)

이 책은 세상 모든 공동체에 지속 가능한 식량을 공급할 수 있는 개척자 같은 업적으로 평가된다. 기후 변화의 위험은 결코 우리의 생각에서 멀지 않은 곳에 있다. 이런 위협의 실체를 의심하는 사람들에게 이 책은 그 위협을 잘 이해하도록 해준다. 무엇보다도, 우리의 기후 변화 문제는 탁월하게 해결될 것이고, 그런 해결책은 더욱 강력한 경제를 이루어낼 것이고, 우리 후손에게 좀 더 나은 세상을 만들어 주리라는 것을 깨닫게 해줄 것이다.

킴발 무스크(기업가, 벤처캐피탈리스트, 'The Kitchen' 설립자)

인간이 초래한 기후 변화의 원인에 대한 최신 정보를 담고 있는 이 책은 기후 변화의 과학에서 해결책에 이르기까지 명쾌하게 설명하고 있으며, 우리 시대의 가장 커다란 존재론적 이슈 중 하나를 보여주고 있다.

리처드 소머빌(미국 샌디에이고 대학교 교수, 『The Forgiving Air: Understanding Environmental change』 저자)

나는 이 책을 비즈니스 리더들에게 추천하고 싶다. 이 책은 지구 온난화로 인해 우리 경제에 드리워진 위협을 이해하는 데 도움을 줄 뿐만 아니라, 청정에너지 시대로 전환되는 시점에서 엄청난 비즈니스 기회가 생기게 될 것이라는 점에 대하여 깨닫게 할 것이다.

니콜 리디러('Environmental Entrepreneurs' 설립자)

저자는 기후 변화와 그런 기후 변화가 우리 지구와 사람들에게 미치는 충격을 명쾌하고 단순한 방식으로 설명하는 탁월한 능력을 갖추고 있다. 이 책은 진실을 얻는 데 꼭 필요한 책이다.

벤 프레슬러('Natural Habitat Adventures' 설립자)

과학자이자 교육자인 저자는 분명하고 상세한 설명으로 기후 변화에 대한 논쟁의 잘못된 개념들을 하나하나 조심스럽게 해체했다. 아울러 이런 심각한 도전을 해결하기 위해 우리가 추구해야 할 방안들을 제시하였다. 이 책은 지구 온난화의 옹호자나 회의론자 모두 읽어보아야 한다.

앤드루 채킨(『A Man on the Moon』 저자)

저자는 명쾌하게 두 진영의 주장을 제시하고 질문에 대한 답변 방식으로 그에 대해 일관되고 간단한 방식으로 모든 사람이 쉽게 이해하도록 설명하고 있다. 나는 이런 어렵고 중요한 주제를 일반인들이 '이런 문제에 대하여 나는 무엇을 해야 하나' 같은 질문을 스스로 하도록 영감을 준 그에게 박수를 보내고 싶다.

수잔 리더 박사(NASA 과학자)

지구 온난화의 기본적인 과학적 사실에 대하여 읽을 가치가 있고, 쉽게 이해할 만한 서술 방식이다. 이 책은 우리 시대의 가장 중요한 문제 중 하나에 대하여 올바른 정보를 아는 유권자들을 만들어내는 데 지속해서 활용될 수 있다.

스테판 터코트(브리검 영 대학교-아이다호 물리학 교수)

지구상의 모든 사람이 반드시 읽어야 할 책이다. 이 책은 정치적 문제에서 벗어나서 과학을 잘 모르는 사람들도 쉽게 이해할 수 있는 방식으로 사실을 소개하고 있다. 우리는 모두 그가 제안하고 있는 것을 해야 하고, 증거에 기초한 "손주에게 편지 쓰기" 같은 운동에 동참해야 한다.

마크 레비, 헬렌 젠트너(교육 컨설턴트)

이 책은 최고의 작가이자 교육자가 인류가 처한 가장 다급한 문제에 대하여 우주적 관점에서 서술한 것이다. 베넷의 질문-대답 방식은 쉽게 이해될 만하지만, 실제로는 매우 복잡한 과학에 기반을 둔 것이다. 이런 내용이 간단하고, 명쾌하고 쉽게 읽을 수 있게 만들 수 있는 작가는 찾아보기 어렵다. 이 책을 강력하게 추천한다.

_________ **테드 제프**(과학 서적 작가, 『From Jars to Star』 저자)

이 책이야말로 강의에서 필요한 정보와 개요를 잘 보여주는 책으로, 그동안 내가 찾던 것이다. 이 책은 엄청나게 복잡한 정보들을 우아하게 요약하고 수년간의 강의 경험을 바탕으로 권위 있고 명쾌한 목소리로 이야기를 전하고 있다. 나는 특히 보수적인 정치인들의 이야기를 통해서 편파적 지지자들의 관점에 대한 도전을 언급하고, 우리가 마주할 여러 선택의 불확실성에도 불구하고 미래에 대한 희망을 숨김없이 이야기하는 것을 좋아한다. 만일 이 책이 균형 잡힌 관점 이상의 해설자 역할을 했다면, 우리는 엄청난 도전을 다루는 데 있어 좀 더 유리한 위치에 서게 될 것이다.

_________ **제임스 매케이**(『Dreams of a Low Carbon Future』 편집자,
영국 리즈 대학교의 'Center for Doctoral Training in Low Carbon technology' 책임자)

전혀 실수가 없는 책이다! 기후 변화는 우리 삶의 모든 영역에 영향을 줄 것이다. 이 책은 충분히 이해할 만큼 겁을 주고 있다. 우리는 많은 사람이 편향적 혼란과 잘못된 논란으로 우리를 겁주고 있는 시대에 살고 있음을 알아야 한다. 이 책은 혼란한 시점에 우리에게 필요한 정확한 정보를 주고 있다. 명확함 그 자체이다. 한 단계씩 그리고 질문에 이은 질문 방식으로 저자는 사실을 이야기하고, 개념을 설명한다. 우리가 사는 지구가 변화하고 있다는 사실을 정직하게 마주하는 힘. 나는 모든 사람이 잠시 하던 일을 멈추고 이 책을 읽기를 바란다.

_________ **미셸 탈러 박사**(TED 연사)

이 책은 복잡한 주제를 다루고 있지만, 주제를 간단한 방식으로 나누어 모든 사람이 이해할 수 있도록 했으며, 과학에서 종종 나타나는 두 가지 반대되는 편파적인 지지자 간의 다리를 놓는 역할을 하고 있다. 이 주제에 대해 좀 더 깊이 있는 지식을 원하는 사람들에게는 엄청난 참고 자료가 존재하지만, 이 책의 일반적 형식은 집중력이 있고, 간결하고 쉽게 읽을 수 있도록 한다. 모든 사람들이 이 중요한 책을 읽어야 한다. 우리의 미래와 우리 후손의 미래가 달려 있기 때문이다.

—————— **가베 친케**(Ascentris 회장)

천체물리학자이며 교육자인 제프리 베넷보다 지구 온난화를 더 잘 설명할 수 있는 사람은 없다. 이 책은 과학적 사실을 전달하고 있으며, 중요한 이슈에 대하여 가정, 친구, 그리고 동업자들의 토론에 지적인 이야깃거리를 제공하고, 아울러 회의적 주장들을 다룬다. 우리는 이 책을 사랑하지 않을 수 없다.

—————— **패드리까 트리즈**(Story Time From Space 회장, "Space Center Houston" 전 소장)

불필요한 내용은 삼가고, 자세한 내용으로 잘게 부수면서, 베넷은 기후 변화의 시끄러운 논쟁을 간단하게 정리한다. 그는 지구 온난화는 우리가 화석 연료를 사용하면 불가피하게 오는 결과임을 단순한 물리 이론으로 정리한다. 그는 핵심적인 질문들을 통하여 상대방을 패배시킨다. 우리는 환경 보호자들의 희생양인가? 만일 기후 변화가 현존하는 위협이라면, 우리는 무엇을 해야 하나? 베넷은 놀랄 만큼 접근하기 쉬운 방식으로 사실을 있는 그대로 서술한다. 만일 당신이 기후 변화에 대하여 잘 모른다면 (비록 잘 안다고 해도) 이 책은 꼭 읽어야 할 책이다.

—————— **세트 소스탁**(Host of 'Big Picture Science')

나는 기후 변화에 대한 책을 많이 읽었지만, 분명하게 말할 수 있는 건 이 책이 최고라는 것이다. 과학적 사실에서 해결책에 이르기까지, 베넷은 포괄적인 정보와 쉽게 이해할 수 있는 방식을 제공하고 있다.

_____ **스콧 맨디아**(서퍽 카운티 커뮤니티 대학교 물리학 교수)

기후 변화는 '이해한다는 사람들'과 '이해하지 못한다는 사람들'이 열렬한 지지자들로 나누어져서 논쟁을 벌이는 주제이다. 하지만 과학은 빨강이나 파랑이 아니다. 과학은 단지 과학일 뿐이다. 이 책은 우리가 필수적인 이해를 하도록 돕는다.

_____ **스팬 린드블래드**(Lindblad Expedition Inc. 회장)

우리는 모두 지구 온난화에 대한 의문에 환한 빛을 밝히기 위해 노력을 아끼지 않은 베넷에게 감사해야 할 것이다. 그는 과학 비전문가들도 이 주제의 중요성을 잘 이해하도록 복잡한 대기와 해양의 기후 요인들을 누구나 소통할 수 있는 방식으로 표현하는 뛰어난 능력을 갖췄다. 그가 책에서 사용한 질문-답변 형식을 통해서 독자들은 과학적 지식에 좀 더 깊이 들어가거나, 사색할 기회를 얻게 되었다. 현재의 우리와 미래의 세대는 우리의 지구를 위협하는 가장 중요한 것들에 대한 정보를 얻을 이 좋은 기회를 놓치지 마라.

_____ **론 알버티**(전 국립 태풍 연구소의 기상연구 책임자)

나는 과학자가 아니다. 그래서 나는 이 책을 이해할 필요를 느끼지 않는다. 하지만 이 책은 단순하고 명확한 증거를 제시함으로써 왜 우리가 지구 온난화를 무시하면 안 되는지를 모든 사람이 이해하도록 한다.

_____ **R.J 해링턴**('지속 가능 행동 컨설팅' 회장)

누구나 쉽게 접근할 수 있는 사실에 근거한 질문-답변 형식으로, 베넷은 우리 시대의 복잡하고 중요한 문제를 명쾌하게 설명한다.

_____ **수산 니델**('Environmental Enterpreneurs' 로키 마운틴 대변인)

이 책은 틈새를 꼭 맞춘 책이다. 우리가 기후 변화에 대하여 알고 있는 것과 불확실한 것, 그리고 해결책을 매우 명쾌하고 접근할 수 있게 묘사한다. 우리는 자신들의 정치적 신념과 자신들이 이해하고 있는 기후 변화가 연계된 세상에 살고 있다. 나는 이 책이 기후 변화의 바탕에 있는 사실에 근거한 과학을 이해하는 데 도움이 되기를 바란다.

_________ **윌 토어 박사**(전 콜로라도 볼더 시장, 'Southwest Energy efficiency project')

명쾌하고, 명확하고, 품격 있고, 집중하도록 하는 문체를 가지고, 베넷은 과학자들이 알고 있는 것을 펼쳐 놓았다. 그리고 청소년이나 어른들이 무엇을 알아야 하고 그것이 어떤 것인지 이해할 수 있도록 했다. 이 책은 기후를 이해하는 데 크게 기여했고, 독자들이 잘 따라오도록 올바른 접근 방식을 택했다. 그리하여 지구 거주자들이 좀 더 현명해지도록 도움을 주었다.

_________ **댄 바스토**('CASIS Education' 설립자 겸 운영자)

베넷은 우리가 처한 도전과 그에 대한 해결책을 제시하고, '빅 픽처'라는 기후 변화를 대하는 접근 방식을 제공함으로써 일반인들이 기후 변화의 두려움을 넘어서 위기를 극복할 힘을 주었다.

_________ **크리스티나 에릭슨**(변호사, 환경 보호 대변인)

| 차례 |

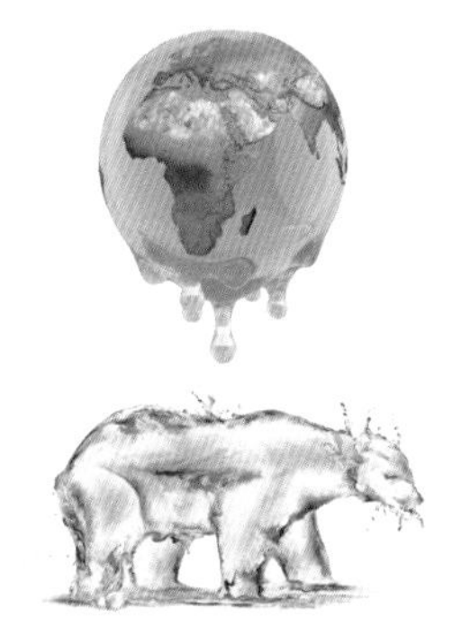

서문

우리가 사는 지구 환경을 보존하는 것은 진보나 보수의 문제가 아니다.
그것은 상식의 문제이다.

로널드 레이건 대통령(1984년 1월 25일 의회 연설)

인간이 초래한 '지구 온난화'는 우리 미래의 진정한 위협일까? 많은 사람이 이 주제에 대하여 자신의 의견을 피력하지만, 확실한 증거를 가지고 이야기하는 사람은 별로 없다. 사실 지구 온난화 문제가 심각하다고 걱정하는 '적극적 지지자들'이 지구 온난화에 대한 과학적 설명이 부족한 것처럼, 지구 온난화의 '회의론자들' 또한 과학적 증거로 이를 설명하지는 못한다. 우리는 정치인들과 방송 전문 패널들이 "나는 과학자가 아니다"라고 말하면서 이 주제를 회피하는 것을 자주 보았다.

진실을 살펴보면, 지구 온난화의 과학은 그리 어렵지 않다. 확실히 지구의 기후는 복잡하고, 지구 온난화의 과학에는 여러 요소가 있다. 하지만 내가 가르친 경험에 의하면, 지구 온난화의 핵심적 내용은 초등학교 4~5학년이면 이해할 만한 수준이라고 할 수 있다. 당신이 방송에서 듣게 되는 신비스러운 기후 현상도, 핵심적인 사항에만 집중하면 사실 간단한 내용이다. 만일 당신이 이 주제에 대하여 이해하고, 지성적으로 행동하고 싶다면, 이 책을 계속 읽기를 바란다. 이 책을 다 읽으면, 당신은 지구 온난화에 대한 충분한 정보를 가지게 될 것이다.

시작하기 전에, 나는 이 책의 기원과 목표에 대하여 말하고자 한다. 이 책은 내가 30년간 몸담아 온 과학과 수학 분야의 교육과 저술 활동의 경험에서 시작되었다. 이런 경험 덕분에 나는 이제 과학 교육과 관련된 중요한 문제에 대하여 결론을 내고자 한다. 즉 학생들이 중요한 과학적 문제에 대하여 핵심이 되는 '큰 그림'이라는 아이디어를 이해하는 것이, 지나치게 세부적인 내용에 집착하는 것보다 훨씬 중요하다는 것이다. 지구 온난화는 대표적인 '큰 그림'의 한 가지 예이다. 왜냐하면 방송에서 논쟁은 컴퓨터 모델의 복잡함과 기후의 피드백과 같은 끝없는 논의로 가득하기 때문이다. 사실 이런 세세한 내용은 기후 변화의 단순한 과학에서는 무시해도 상관이 없는 내용이다. 운 좋게도 나는 이런 '큰 그림'이라는 아이디어를 제공하면서, 대학교 교재와 어린이용 교재 집필에서 몇 번의 성공을 맛보았다. 이 책은 좀 더 폭넓은 독자들에게 이와 같은 큰 그림의 접근 방법을 시도하는 것이다.

이 책의 목표는 다음의 세 가지이다.

1. 누구라도 이 주제에 대한 기본적인 과학 내용을 이해하기를 바란다.
2. 나는 당신이 회의론자들이 주장하는 내용을 잘 이해하고, 과연 그들의 주장을 따르지 아니면 거부할지 결정할 수 있기를 바란다.
3. 나는 지구 온난화가 실제적 문제라고 할지라도, 사람들이 모든 정치적 설득에 대해 동의하는 방식으로 문제를 해결할 수 있다는 점을 확신시키고자 한다. 비록 한쪽에서 주장하는 지구 온난화의 '우울하고 지옥 같은 예상'에도 불구하고, 이에 대한 해결책은 당신과 당신의 아이들을 보호하고, 오늘 우리가 사용하는 에너지보다 더 값싸고, 더 깨끗하고, 더 풍부한 에너지를 가지게 될 것이고, 우리 경제를 더 강하게 할 것이다.

이제 곧 알게 되겠지만, 이 책은 '질문-답변 형식'으로 서술하였다. 대부분의 질문은 오랜 기간 제기된 것들이다. 이런 형식은 마치 개인적인 토론과 같은 느낌을 줄 것이다. 또한 이 책에서는 본문 글자 크기를 두 가지로 사용하였다. 일반 크기는 모든 독자가 흥미를 느낄 만한 일반적인 내용이다. 더욱 작은 글자는 개인적으로 '선택할 수 있으며' 보다 상세한 부분을 다룬다. 나는 이 책이 방송 토론과 열렬한 양쪽 지지자 간의 전쟁에서 발생하는 안개 낀 전망에서 벗어나, 앞서 인용한 레이건 대통령의 연설에 담긴 단순한 진실을 찾기를 바란다. 우리가 사는 환경을 보존해야 할 시간이 왔을 때, 우리에게는 작은 상식이 필요하게 될 것이다.

1 지구 온난화의 과학적 근거

지금 우리가 지구에서 하는 행동은 무엇인가. (…) 우리는 경험하지 못한 속도로 온실가스를 대기로 보내고 있다. (…) 이것은 지구가 처음 경험하는 것이다. 지구를 위험하고 위태롭게 하는 방식으로 지구의 환경을 바꾸고 있는 것은 바로 우리와 우리의 에너지 사용 활동이다.

_____ 마거릿 대처 영국 총리(1989년 11월 8일, 유엔 연설)

우리는 모두 인간의 활동이 지구 대기를 예상치 못하게 엄청난 속도로 변화시키고 있다는 것을 알고 있다.

_____ 조지 부시 미국 대통령(1990년 2월 5일, 기후 변화 협약기구 연설)

위에 언급된 두 개의 연설은 약 25년 전에 영국과 미국의 보수주의 지도자가 이미 지구 온난화의 위협과 실체를 확신하고 있었다는 것을 보여 주고 있다. 그들은 어떻게 지구 온난화의 위협을 확신하고 있었을까? 대처 총리는 자신이 과학자였기 때문에(그녀는 화학을 전공했다) 기후 변화에 관련된 지식을 잘 이해했을 것이다. 하지만, 부시 대통령은 과학자가 아니었다. 그럼에도 그를 비롯한 많은 사람들은 이 주제에 대해 모든 정치적 설득을 이해하고 있었다. 왜냐하면 지구 온난화가 그렇게 어려운 문제는 아니었기 때문이다.

1장에서는 지구 온난화의 기본이 되는 간단한 과학을 설명할 것이다. 이 장은 어떤 과학적 논쟁과도 상관이 없다. 당신은 이 간단한 과학이 과학자뿐만 아니라 열렬한 회의론자마저 수긍할 내용임을 알게 될 것이다. 이것이 얼마나 간단하고 확실한 것인지 보여주기 위해서 천문학의 한 예부터 시작하고자 한다.

두 행성 이야기

〈그림 1.1〉은 지구와 금성의 크기, 그리고 두 행성의 평균 지표면 온도를 보여주고 있다. 그림을 통해 두 행성의 크기가 비슷한 것을 바로 알 수 있다. 두 행성을 구성하는 성분 역시 주로 바위와 금속으로 비슷하지만, 표면 온도를 보면 환경이 다르다는 것을 알 수 있다.[1]

지구는 생물이 살기에 알맞고 인간의 문명 유지에 적합하다. 하지만 금성은 납을 녹일 정도로 온도가 높다. 만일 당신이 이러한 점을 생각해 본다면, 크기와 구성 성분이 비슷한 두 행성이 왜 표면 온도에서 엄청난 차이를 보이는지 궁금할 것이다.

보통 금성과 태양과의 거리가 지구보다 가깝기 때문일 것이라고 생각하기 쉽지만, 이는 틀렸다. 〈그림 1.2〉는 태양계를 돌고 있는 행성들의 여행 모습을 보여준다. 〈그림 1.2〉는 태양과 두 행성의 거리를 100억분의 1로 축소해 나타내고 있다. 그림에서 보이는 것처럼, 금성은 지구보다 태양에 더 가깝다. 하지만 그 차이가 그리 크지 않다. 그러므로 태양과의 거리로 표면의 큰 온도차를 설명하기는 부족하다.

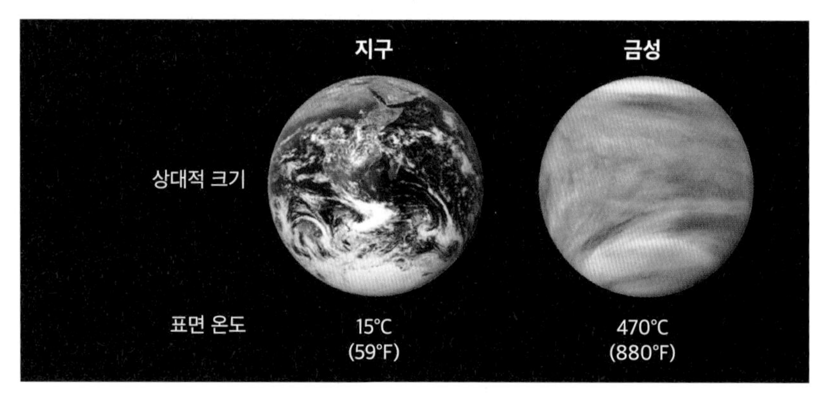

그림 1.1 지구와 금성은 크기와 구성 성분이 비슷하다. 그럼에도 불구하고 표면 온도는 왜 엄청난 차이를 보이고 있는가?

1 과학에서 온도는 주로 섭씨로 표시된다. 하지만 이 책에서는 화씨도 병기했다.

그림 1.2 이 사진은 태양계 행성의 운행을 보여준다. 미국 워싱턴의 국립 우주항공박물관 밖에 설치된 것이다. 그림에는 태양, 금성, 지구가 표시되어 있다. 태양은 눈에 보일 정도의 황금색 구 크기로 표시되어 있다. 지구와 금성은 볼펜 끝에 있는 작은 구 크기이다. 그래서 받침대 위의 돋보기를 통해서만 볼 수 있다.

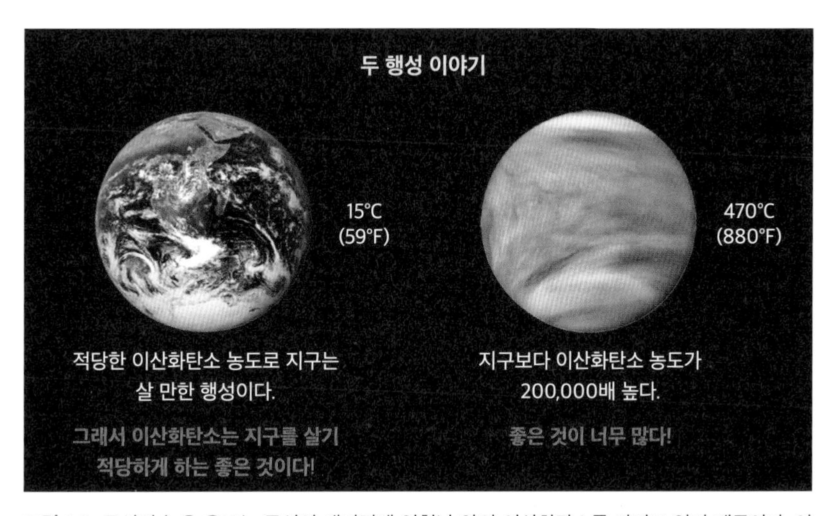

그림 1.3 금성의 높은 온도는 금성이 대기권에 엄청난 양의 이산화탄소를 가지고 있기 때문이다. 이처럼 이산화탄소가 외부로 방출되는 열을 포집하여 온도를 높이는 것을 '온실 효과'라고 부른다.

게다가 금성의 밝은 구름은 태양에서 오는 빛을 반사해서 지구 표면보다 태양 에너지를 적게 흡수하게 만들기 때문에, 오히려 지구보다 온도가 낮아야 한다. 그런데 금성은 왜 이렇게 높은 표면 온도를 가지고 있는가?

핵심적인 답은 바로 이산화탄소 때문이다. 이산화탄소가 금성 지표면에서 방출되는 열을 포집하여 우주 외부로 열에너지가 나가지 못하도록 붙잡아서 온도가 올라가는 것이다. 복잡한 이론을 간단히 설명하면, 만약 지구와 금성 모두 이산화탄소가 없었다면, 두 행성은 얼어 있었을 것이다. 다행스럽게도 지구는 적당한 양의 이산화탄소(그리고 수증기가 있는) 덕분에 우리가 사는 이 행성은 생물이 살 만한 환경이 되었다. 그런 의미에서 이산화탄소는 우리의 생명에 좋은 것이 되었다. 하지만 금성은 대기권에 지구보다 20만 배나 많은 이산화탄소를 가지고 있다. 이런 엄청난 양의 이산화탄소가 열을 포집하기 때문에 금성 표면은 피자를 굽는 오븐만큼 뜨거운 것이다. 〈그림 1.3〉에서 보는 것처럼 '좋은 것(이산화탄소)을 너무 많이 가지고 있는 것'이 온도 상승을 가져왔다.

지구와 금성의 이런 온도 차이는 지구 온난화의 기본적 과학을 이해하는 데 필요한 거의 모든 것을 담고 있다고 볼 수 있다. 우리가 '온실가스'라고 부르는 이산화탄소는 지구를 덥게 만드는데, 만일 이것이 없었다면 지구는 얼어버렸을 것이다. 그리고 온실가스의 양이 많으면 많을수록 지표면은 점점 더 더워진다.

지구 온난화 1-2-3

'두 행성 이야기'에서 우리가 배운 교훈은 1장의 소제목으로 나누어서 설명할 수 있다. 여기서 나는 지구 온난화를 1-2-3처럼 쉽게 말하고자 한다. 이것을 통해서 방송에서 듣는 모든 논쟁에 대한 지구 온난화의 기본적 과학 지식을 아래의 간단한 세 가지 문장으로 요약할 수 있다. 이것은 논쟁의 여지가 없는 두 가지 과학적 사실과 그것에서 도출되는 한 가지 확실한 결론이다.

1. **사실 1** : 이산화탄소는 온실가스다. 온실가스는 외부로 방출되는 열을 포집하여 행성(지구나 금성)의 지표면을 덥게 한다.

2. **사실 2** : 인간의 활동 —특히 화석 연료[2](석탄, 석유, 천연가스)를 사용하는 것—은 열을 포집하는 이런 온실가스를 대기권에 더 많이 배출하고 있다.
3. **논쟁의 여지가 없는 결론** : 우리는 이산화탄소의 농도가 올라감에 따라 지구가 더워진다는 것을 예상할 수 있다. 그리고 이산화탄소가 더 많을수록 온도는 점점 더 가혹하게 올라갈 것이다.

논쟁의 여지가 없는 결론에 주목하라. 두 가지 사실이 진실이라면—나는 사실 1과 사실 2에 과학적 의심이 전혀 없다는 것을 증명할 것이다— 지구 온난화가 예상된다는 결론에는 전혀 논쟁의 여지가 없을 것이다.

물론, 지구 온난화가 예상된다는 것이 얼마나 즉각적으로 그리고 얼마나 치명적으로 우리에게 영향을 미칠지는 알 수 없지만, 온난화를 경감하거나 더욱 악화시키는 다른 요소들(기후 피드백)의 가능성에 대한 여지가 있기는 하다. 이 문제에 대해서는 2장에서 다루고자 한다. 우선 위의 사실 두 가지를 지지하는 증거들에 집중하고자 한다.

사실 1 : 이산화탄소가 지구를 덥게 만든다는 증거

사실 1은 이산화탄소는 온실가스이고, 이것이 지구를 덥게 만든다는 것이다. 이제 질문-답변 방식으로 이것은 의견이라기보다는 사실이라는 증거를 찾아보자.

2 화석 연료(석탄, 석유, 천연가스)는 살아 있는 유기체의 시체가 오랜 시간 분해되어 남은 퇴적물에서 만들어졌기 때문에 붙여진 이름이다. 화석 연료는 탄소가 주성분인데, 그 이유는 지구상의 모든 생명체가 탄소를 기반으로 만들어졌기 때문이다. 그리고 탄소를 태울 때는 산소가 필요하기 때문에 탄소와 산소가 결합하여 이산화탄소가 만들어진다.

사실 1이 진실이라는 것을 어떻게 알 수 있을까?

이산화탄소와 다른 온실가스의 농도가 높아지면 지구가 더워진다는 사실에는 의심의 여지가 없다. 이 사실은 우리가 '온실 효과'라고 부르는 아주 단순하고, 잘 이해된 그리고 물리적 실험으로 증명된 사실에 바탕을 두고 있다. 〈그림 1.4〉는 '온실 효과'가 어떻게 작동하는지 보여준다.

이제 아래의 핵심적인 사실에 주목하자.

- 지구를 덥게 하는 에너지는 태양으로부터 온다. 그리고 주로 가시광선(우리가 볼 수 있는 빛이다)의 형태이다. 지구로 오는 태양 빛은 일부는 반사되고 일부는 지표면(육지, 바다)에 흡수된다.
- 지구는 자신이 흡수한 에너지의 일부를 우주로 방출한다. 지구 밖으로 방출되는 에너지는 원적외선 형태인데, 우리 눈에는 보이지 않는다.
- 온실가스—수증기(H_2O), 이산화탄소(CO_2), 메탄(CH_4, 일반적으로 천연가스라고 한다)은 모두 분자[3]로 구성되어 있다—는 특히 원적외선을 잘 흡수한다. 매시간 온실가스 분자는 원적외선의 '광자(photon, 빛의 한 조각을 의미하는 용어)'를 흡수하고, 다시 또 다른 원적외선 광자를 방출한다. 이 과정은 무작위로 진행된다. 새로 방출된 광자는 다시 또 다른 온실가스 분자에 흡수되는데, 이 과정은 계속 반복된다.

이 결과 온실가스의 역할은 지표면에서 방출되는 원적외선의 탈출 속도를 느리게 하고, 자신들의 분자 운동으로 주변 공기의 온도를 올린다. 이런 방식으로 온실가스는 태양이 혼자 존재했을 때보다 지표면과 대기권 하부를 더욱 덥게 한다. 즉 더 많은 온실가스가 존재하면, 지표면의 온도는 더 올라가게 될 것이다. 이것은 담요에 비유할 수 있다. 담요를 덮고 있으면 더 따뜻한 이유는 담요가 열을 공급해서가 아니라 차가운 외부로 체온의 열

3 모든 물질은 원자로 구성된다. 하지만 종종 원자는 '분자' 형태로 결합되기도 한다. 우리는 분자 조성을 간단한 식으로 표현한다. 예를 들면 물(H_2O)은 2개의 수소 원자(H)와 1개의 산소 원자(O)로 구성되어 있다. 유사하게 이산화탄소(CO_2)는 탄소 원자(C) 1개와 산소 원자(O) 2개로 결합되어 있다.

온실 효과

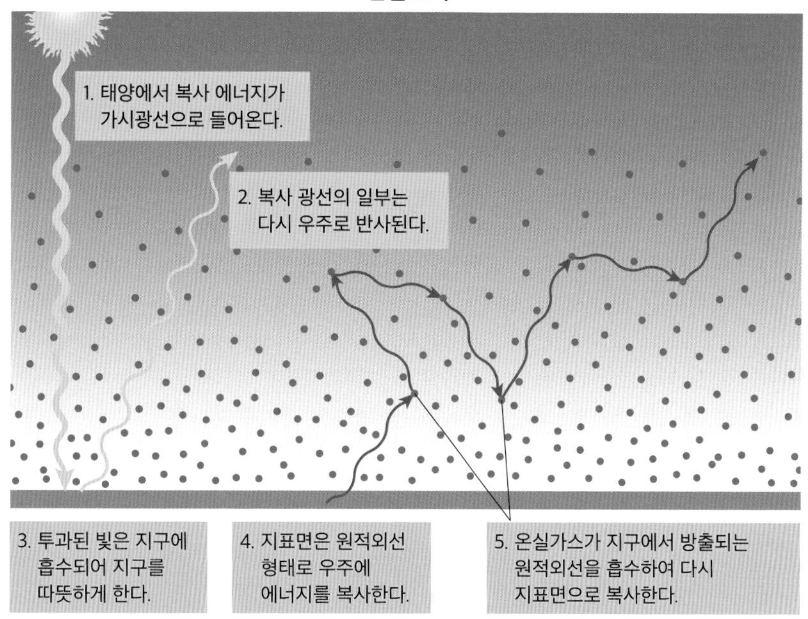

그림 1.4 이 그림은 온실 효과를 예시적으로 보여주면서, 어떻게 지표면과 대기권 하부의 온도가 올라가는지 보여준다. 노란색 화살표는 가시광선을 나타내고, 빨간색 화살표는 원적외선을 나타낸다. 파란 점은 온실가스 분자들이다.

이 나가는 것을 지연시켰기 때문이다.

Q 지구가 원적외선 형태로 우주에 에너지를 방출하고 있다는 것을 어떻게 알 수 있을까?

이것은 간단한 물리학이며 관찰을 통하여 증명된 것이다. 모든 물체는 —태양을 포함하여 지구, 그리고 당신 몸에서조차— 빛의 형태로 에너지를 방출한다.[4] 그리고 그 빛의 형태는 그 물체의 온도에 의존한다. 태양과 같은 고온의 물체는 가시광선을 방출한다. 하지만 지구와 같이 낮은 온도의 행성은 오직 원적외선만 방출한다. 사람의 눈은 원적외선을 볼 수 없기 때문에 적외선 카메라로만 이를

4 더 기술적으로 말하면, 모든 물체는 우리가 열복사(흑체 복사)라 부르는 특정한 파장 영역의 빛을 방출하는데, 그 방출되는 빛의 파장은 복사하는 물체의 온도에 따라 달라진다. 고온의 물체는 짧은 파장의 빛을 방출하는데, 이 빛은 저온의 물체가 방출하는 긴 파장의 빛보다 단위 면적당 에너지 밀도가 크다.

관측할 수 있다. 또한 지구를 돌고 있는 인공위성은 지구가 방출하는 원적외선의 양을 직접 측정할 수 있다.

Q 우리는 왜 지구 온난화와 관련해 지구 대기를 구성하고 있는 질소와 산소에 대해서는 언급하지 않을까?

대기는 대부분 질소와 산소로 구성된다. 이 두 가지 기체가 대기의 98%를 차지한다(질소 77%, 산소 21%). 하지만 질소와 산소 분자는 원적외선을 흡수하지 않기 때문에 지표면의 온도 상승과 아무 관련이 없다. 다른 말로 표현하면, 만일 원적외선을 흡수하는 미량의 가스(수증기, 이산화탄소, 메탄)가 대기권에 없었다면, 지구가 방출하는 모든 원적외선은 아무 방해도 없이 우주로 바로 방출될 것이고, 지구는 저온으로 얼었을 것이다.

그러면, 당신은 어떤 기체는 원적외선을 흡수하고, 어떤 기체는 흡수하지 않는지 궁금할 것이다. 그것은 기체 분자의 구조에 달려 있다. 대기권에 있는 질소와 산소는 분자 형태로 존재한다. 질소는 질소 원자 두 개가 결합한 N_2형태이고, 산소는 두 개의 산소 원자가 결합한 O_2형태이다. 원적외선을 흡수하기 위해서 분자는 회전과 진동을 해야 한다. 하지만 질소와 산소는 두 개의 원자로 결합되어 있고, 또한 같은 원자끼리 결합했기 때문에 회전과 진동이 어렵다. 반대로, 두 개 이상의 원자로 결합된 대부분의 기체 분자는 회전과 진동에 어려움이 없다. 즉 수증기(H_2O), 이산화탄소(CO_2), 메탄(CH_4) 분자가 원적외선을 잘 흡수하는 이유가 바로 이것이다. 그래서 이 기체들을 온실가스라 부른다.

Q 우리가 알아야 하는 온실가스에는 어떤 것이 있을까?

수증기, 이산화탄소, 메탄가스가 가장 중요한 온실가스이긴 하지만, 대기권에는 미량으로 존재하며 지구 온난화에 영향을 주는 다른 온실가스도 있다. 질소 산화물(N_2O)과 공업적으로 만들어지는 화학 물질인 할로젠 화합물이 있는데, 대표적인 것은 염화불화탄소(CFC, 프레온)이다.

Q '온실 효과'는 잘못된 용어일까?

이 질문의 답은 당신이 얼마나 까다로운 사람이냐에 달려 있다. 온실 효과는 식물원의 온실에서 유래했다. 하지만 온실의 온도가 높은 것은 대기권 온실가스에 의한 것과는 다른 메커니즘이다. 온실은 방출되는 원적외선을 포집하기보다는 따뜻한 공기가 밖으로 나가지 못하도록 하면서 온도를 유지한다. 그럼에도 불구하고, 온실이나 대기권의 온실가스 모두 최종적으로 내부의 물체를 따뜻하게 유지한다는 점에서 같은 결과를 내고 있다. 그래서 개인적으로 나 역시 '온실 효과'라는 용어가 무난하다고 생각한다.

온실가스는 어떻게 열이 외부로 나가지 않게 포집할까?

온실가스가 열을 포집한다는 두 가지 결정적인 증거가 있다.

첫째, 과학자들은 실험실에서 온실가스가 열을 포집하는 과정을 측정할 수 있다. 실험 장치는 다소 복잡하지만, 기본적으로는 이산화탄소와 같은 기체를 시험관에 넣고, 외부에서 원적외선을 쫘 주면서 얼마나 많은 원적외선이 흡수되고, 투과하는지 측정하는 것이다. 이런 실험은 150년 전에 영국 과학자 존 틴들이 〈그림 1.5〉에 있는 장치를 가지고 처음으로 하였다. 그 이후 실험은 좀 더 정교하고 정밀하게 발전해 왔다.

둘째, 앞서 금성과 지구를 비교한 것처럼 우리는 실제 지표면의 온도 상승을 측정함으로써 온실 효과를 확증할 수 있었다. 만일 온실 효과가 없었다면, 지구의 평균 온도는 지구와 태양과의 거리와 태양 빛의 상대적 흡수량에 따라 결정되었을 것이다. 여기에서는 자세한 복사열 전달 방정식을 보여주지는 않을 것이다. 대신 〈그림 1.6〉의 간단한 공식으로 설명하고자 한다. 지구의 온도를 계산하는 공식을 이용하여 지표면의 평균 온도를 구하면, 온실가스가 없는 조건에서는 대략 -16°C이다. 따라서 현재 지표면의 평균 온도 15°C를 설명하기 위해서는 온실 효과가 반드시 필요하다. 이 설명은 모든 다른 행성에서도 적용된다. 따라서 지구의 정확한 온도를 계산하기 위해서는 온실 효과가 포함된 공식이 필요하다.

이제 앞서 이야기한 두 행성 이야기로 돌아가 보자. 지구의 경우 자연적으로 발생하는 온실 효과가 없었다면, 액체 상태의 바다와 생물이 존재

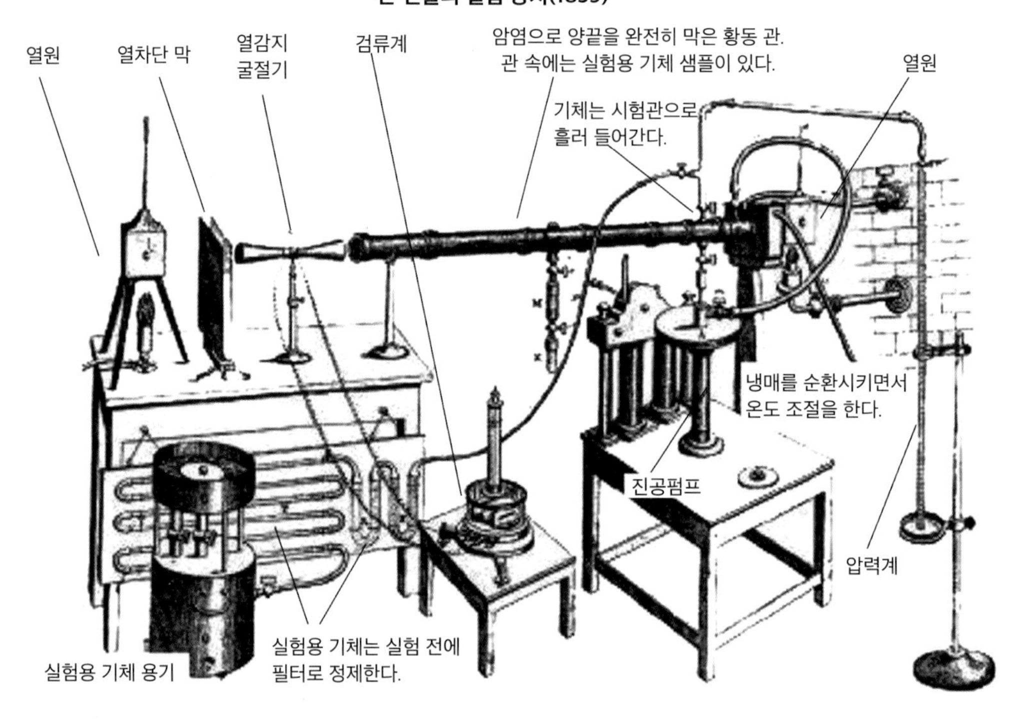

그림 1.5 이 실험 장치는 1859년 존 틴들이 만든 것이다. 이 장치를 통해서 틴들은 이산화탄소와 같은 온실가스가 '온실 효과'를 가져온다는 것을 처음으로 측정하였다. 이런 측정 장치는 이후 지속적으로 개선되었다. 이 그림은 1872년 존 틴들이 쓴 『복사열 전달 영역에서 분자 물리학의 기여』라는 책에 실려 있다.

하기 어려운 추운 온도였을 것이다. 그래서 앞의 <그림 1.3>에서 이야기한 '좋은 것'이란 바로 온실 효과를 가져오는 온실가스를 의미한다. 하지만 금성의 경우에는 이산화탄소의 농도가 지구보다 20만 배 이상 높기 때문에 '좋은 것이 너무 많다'고 했다.

Q 왜 금성 대기에는 이산화탄소가 많을까?

사실, 지구와 금성이 가지고 있는 이산화탄소의 전체 양은 비슷하다. 그런데 금성의 이산화탄소는 금성 대기권에만 있는 반면, 지구에 있는 대부분의 이산화탄소는 우리가 탄산염암(주로 석회암)이라고 부르는 바위에 붙잡혀 있다. 이것이 바로 지구에는 바다가 있고, 금성에는 바다가 없는 이유이다.

두 행성 모두 처음에는 화산 폭발로 이산화탄소가 지표면으로 방출되었다. 지

그림 1.6 이 그림은 온실가스가 없다고 가정하고 지구의 평균 온도를 예측한 계산식이다. 이 계산에서 지구의 평균 온도는 -16° C이고, 이것은 지구의 평균 온도 +15° C보다 31° C 낮은 온도이다. 따라서 이런 자연적인 온실가스 효과가 지구에서 생물체가 살기에 적당한 온도를 유지시켜 준다는 사실을 알 수 있다. 이 삽화는『세상을 구한 마법사(The Wizard Who Saved the World)』에서 인용했다.

구에 있는 대부분의 이산화탄소는 바다에 용해되었고(바다는 대기권에 있는 이산화탄소의 60배 정도의 용존 이산화탄소를 가지고 있다) 이것이 용해된 미네랄과 결합하여 탄산염암을 형성하였다(이 탄산염 바위는 대기권에 있는 이산화탄소의 20만 배 정도의 이산화탄소를 가지고 있다). 금성은 바다가 없기 때문에 용존 이산화탄소가 없고, 그래서 모든 이산화탄소가 금성 대기권에 존재하고 있다.

왜 지구에는 바다가 있고, 금성에는 바다가 없는지에 대한 의문점을 좀 더 깊이 살펴보면, 과학자들은 금성이 태양에 좀 더 가까이 있기 때문이라고 설명한다(금성은 지구에서 태양 거리의 $\frac{2}{3}$지점 거리에 있다). 만일 지구와 태양과의 거리가 금성과 태양과의 거리였다면 무슨 일이 일어났을까 생각해보라(〈그림 1.7〉). 아마도

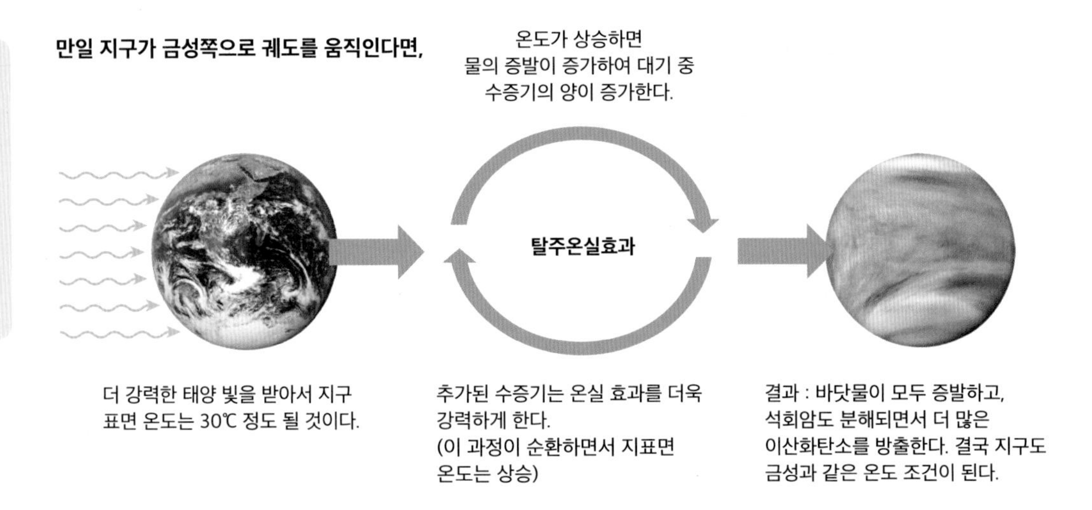

그림 1.7 만일 지구가 마술을 부려서 금성 궤도 쪽으로 움직인다면 무슨 일이 일어날지 예상하는 그림이다.

태양 빛의 강도가 증가했기 때문에 지표면의 온도는 15°C에서 45°C로 상승했을 것이다. 지표면의 온도가 상승하면 바다의 물이 더 많이 증발하기 때문에 대기권에는 더 많은 수증기가 존재하게 될 것이다. 수증기도 온실가스이기 때문에 증가된 수증기만큼 온실 효과는 더욱 증대되고 지표면 온도는 더욱 상승할 것이다. 다른 말로 표현하면 강화 피드백reinforcing feedback[5] 과정이다. 강화 피드백이란 작은 양의 수증기가 더해지면 지표면의 온도 상승을 가져오고, 이런 온도 상승이 다시 수증기의 증가를 가져오는 과정이다. 이런 과정은 제어하기 힘들기 때문에 과학자들은 이를 탈주온실효과runaway greenhouse effect라고 부른다. 이런 현상은 지구가 현재의 금성처럼 될 때까지 멈추지 않고 진행될 것이다.

과학자들은 현재 지구에서 일어나는 일이 금성에서는 오래전에 일어났을 것이라고 생각한다. 과학자들에 따르면, 태양은 핵융합을 통해서 에너지를 만들기 때문에 시간이 지남에 따라 태양은 점점 더 밝아진다. 과학자들은 행성이 처음 만들어졌을 때(45억 년 전) 태양 빛은 지금보다 30% 정도 약한 빛을 방출했을 것

5 과학적으로 보면 '강화 피드백(reinforcing feedback)'이 일반적으로 부르는 '양성 피드백(positive feedback)'이다. 즉 어떤 양이 조금 더해졌을 때 현재 상태를 증폭시키는 피드백을 의미한다. 이와 반대로 '음성 피드백(negative feedback)'은 현재 상태를 감소시키는 피드백이다.

으로 예상하고 있다. 따라서 그 당시의 금성은 현재 지구가 받는 정도의 태양 빛을 받고 있었을 것이고, 그때에는 금성에도 바다가 있었을 것이라 예상한다. 하지만 태양 빛의 강도가 점점 강해지면서 금성은 점점 더 더워지고 탈주온실효과가 시작되면서 지금에 이르렀을 것이다.

Q 화성에도 온실 효과가 있을까?

화성에도 온실 효과가 있다. 하지만 그 효과는 미미하다. 화성의 대기 또한 대부분 이산화탄소(약 95%)이지만 대기권의 두께가 매우 얇기 때문에(지구 대기권의 1% 정도) 전체 이산화탄소의 양은 적다. 따라서 화성에서 온실 효과에 의한 온도 상승은 미미하다. 그리고 태양에서 멀리 떨어져 있기 때문에 매우 춥고, 평균 지표면 온도는 -50°C 정도이다. 과학적 관찰에서 놀라운 것은 화성이 과거에는 액체 상태의 물을 가지고 있었다는 증거가 있다는 사실이다. 오래전의 화성은 지금보다 훨씬 따뜻한 곳이었다는 증거를 뜻한다. 즉 과거에는 지금보다 더욱 강력한 온실 효과가 있었다는 것이다. 과학자들은 과거에 왜 화성이 강력한 온실 효과를 가지고 있었는지, 그리고 온실 효과가 왜 약해졌는지에 대해 흥미로운 설명을 하고 있지만, 이 책의 주제(지구 온난화)와는 큰 연관이 없으므로 더 깊은 논의는 여기에서는 생략한다.[6]

왜 우리는 이산화탄소에만 집중할까? 대기권에는 수증기가 더 많지 않나?

대기 중에는 이산화탄소보다 수증기가 많다. 실제로 대기권에서 수증기는 이산화탄소보다 10배 정도 더 많다. 따라서 수증기는 이산화탄소보다 온실 효과에 훨씬 더 강력한 영향을 미친다. 하지만, 지구의 온도를 결정하는 데 있어서 가장 결정적인 기체는 이산화탄소이다.

그 이유는 다음과 같다. 대기 중의 이산화탄소 농도가 올라가면, 증가된 이산화탄소의 농도는 오랜 기간(거의 수천 년간) 일정하게 유지된다. 이와는 다르게, 수증기는 순환 사이클을 거치면서 수증기 농도는 항상 일정하

6 화성에 관한 과학적 지식과 화성의 기후가 어떻게 변화했는지에 대한 자료는 많이 있다. 또한 저자가 저술한 우주천문학 관련 책 『우주의 본질(The cosmic perspective)』, 『Life in the Universe』을 참조할 수도 있다.

다. 즉 바다에서 증발된 수증기는 다시 비와 눈을 통해서 지구 표면으로 돌아간다. 결국 대기권의 수증기 농도는 바다와 대기권의 온도에 의해 결정된다. 즉 대기권의 수증기 양은 온도에 따라 변하지만, 수증기의 양에 의해 지표면 온도가 변하는 것은 아니다. 그 대신에 수증기는 다른 요인에 의해 촉발된 기후 변화를 증폭하는 역할을 한다. 즉 수증기는 '강화 피드백' 역할을 한다. 예를 들면, 이산화탄소의 농도가 올라가면 지구의 온도가 다소 올라간다. 그러면 온도 상승만큼 대기는 더 많은 수증기를 대기권에 가질 수 있고, 따라서 더 많은 원적외선을 포집할 수 있게 되기에 결국 지표면의 온도는 더욱 상승하게 된다. 반대로 이산화탄소 농도가 감소하면, 지구의 온도는 다소 낮아지고, 대기권에 있는 수증기 양이 감소하면서 원적외선의 포집이 줄어들고, 따라서 지구의 온도는 더욱 낮아지게 된다. 수증기에 의한 기후 변화의 증폭 역할은 지구의 빙하기와 간빙하기의 자연적인 사이클을 설명하는 데 필요하다. 이 주제는 2장에서 상세히 논의할 것이다.

Q 대기권에 축적된 이산화탄소가 얼마나 오랫동안 대기권에 있는지 정확하게 아는가?

물론 정확히 알 수 있다. 하지만 보다 우리에게 유용한 방식으로 질문을 만들어 보자. 이런 방식으로 생각해보자. 만일 우리가 어느 순간 대기권에 이산화탄소 방출을 전혀 하지 않는다고 가정해 보자. 그렇게 되면 이산화탄소의 농도가 산업혁명 이전의 농도처럼 낮아지는 데는 시간이 얼마나 걸릴까? 이 질문에 답하기 위해서 과학자들은 대기권에서 이산화탄소가 제거되는 다양한 방식에 기초하여 계산을 할 것이다. 이산화탄소는 식물에 흡수되거나, 바다에 용해되거나, 탄산염 바위나 바닷조개를 형성하는 데 사용되면서 제거된다. 이 계산 과정은 매우 복잡하고 불확실성이 내재되어 있다. 또한 언제 우리가 이산화탄소 배출을 멈추느냐에 따라서 전체 이산화탄소의 양이 변하기 때문에 정확한 답을 얻기는 어렵다. 하지만, 현재 우리가 이해하는 수준에서의 답은 이렇다.

처음 몇십 년 동안에는 지표면과 바다에서 이산화탄소를 흡수하는 속도가 매우 빠르게 진행될 것이다. 아마도 우리가 산업혁명 이후로 배출한 이산화탄소 양의 $\frac{1}{3}$이 20~50년 안에 대기권에서 제거될 것이다. 하지만 그 이후에는 흡수 속도가 급격하게 느려질 것이다. 2,000년이 지나도 우리가 배출한 이산화탄소의 15-40% 정도는 대기권에 남아 있을 것이다. 아마도 산업혁명 이전 수준으로 대기권의 이산화탄소 농도를 낮추려면 수만 년이 필요할 것이다.[7] (여기서의 논의는 자연적으로 이산화탄소의 농도가 감소되는 과정에서의 시간을 의미한다. 만일 대기권에서 이산화탄소를 제거하는 새로운 기술인 지구공학$_{geoengineering}$ 기술을 적용하면 다른 결과가 나오게 될 것이다.)

다른 온실가스는 어떤 영향을 미치는가?

이산화탄소와 수증기 다음으로 중요한 온실가스는 메탄이다. 하지만 메탄의 양은 이산화탄소에 비하여 매우 적으므로 기후 변화에 미치는 영향은 미미하다. 그래도 결코 무시할 수준은 아니다. 다른 종류의 온실가스 또한 비슷한 상황이다. 과학자들이 온실 효과의 강도를 측정할 때는 모든 온실가스를 고려하여 측정한다. 이 책에서 다른 온실가스를 다루지 않는 이유는 이산화탄소가 지구 온난화와 기후 변화에 가장 큰 영향을 미치기 때문이며 과학적 논의를 단순화하기 위해 이산화탄소에만 집중하고자 하기 때문이다. 하지만 다른 종류의 온실가스 또한 과학적 연구와 정치적 결정에 중요하게 작용하기 때문에, 이산화탄소만큼 중요하지는 않지만 그 중요성을 무시해서는 안 된다.

사실 1은 어디까지 믿을 만한가?

이제 분명한 사실은 지구를 덥게 만드는 '온실 효과'는 이산화탄소와 그 외의 다른 온실가스 때문이라는 것이다. 온실가스가 원적외선을 포집하는 효과는 실험실에서 측정된 것이고, 또한 복사열 전달 방정식에서 온실 효과를 고려할 때와 고려하지 않을 때에 얻어진 지표면 온도의 비교에서 확인되었다. 실제로, 적은 수의 과학자들은 지구 온난화의 '위협'에 대하여 논쟁을 하지만, 어떤 과학자도 온실 효과의 과학적 근거에 대해서는 이의를

7 이 주제에 대한 좋은 요약 자료는 IPCC 실무대책반 워킹그룹 I의 보고서(2013) 6장에 잘 나타나 있다. (웹사이트 www.ipcc.ch/report/ar5/wg1/에서 자료를 받아볼 수 있다.)

제기하지 않는다.

사실 2 : 인간의 활동이 대기 중 이산화탄소 증가를 가져왔다는 증거

이제 사실 2에 대한 증거를 살펴보자. 화석 연료를 사용하는 인간의 활동이 대기권에 원적외선을 포집하는 이산화탄소의 농도를 증가시켰다는 사실에 대한 증거이다.

대기권의 이산화탄소 농도가 상승하는 것을 어떻게 알 수 있을까?

대기권의 이산화탄소 양을 측정하는 가장 직접적인 방식은 공기 샘플을 포집하고 분석하는 것이다. 과학자들은 이런 측정을 1950년 이후로 계속해 오고 있다. 〈그림 1.8〉은 하와이의 마우나로아 관측소에서 수집된 측정 자료이다. 그림에서 볼 수 있듯이, 지구 대기권에서 이산화탄소 농도가 급격하게 상승하고 있다는 것을 알 수 있다.

지구의 다른 여러 지역에서 측정한 이산화탄소 농도 자료 또한 비슷한 추세를 보이고 있다.

그림에서 y축 좌표의 단위가 ppmparts per million임을 주목하라. 즉 1ppm은 공기 중의 기체 분자 100만 중에 이산화탄소 분자는 1개라는 것이다. 그래프에서 최근 이산화탄소 농도가 400ppm을 넘어서고 있는 것을 볼 수 있다. 이는 공기 중에 이산화탄소가 0.04%[8] 정도 있다는 것이다. 즉, 이산화탄소는 대기권 분자들 중에서 아주 작은 부분을 차지하고 있다. 그럼에도 불구하고, 이 작은 양의 이산화탄소가 온실 효과에서 나타내는 역할을 고려하면 매우 중요하다는 뜻이다.

8 400ppm이라는 것은 즉, 400개/1,000,000개의 농도이고, 이것은 4/10,000이다. 따라서 이 값은 0.04/100 또는 0.04 %이다.

하와이 마우나로아 관측소에서 측정한 대기권의 이산화탄소 농도

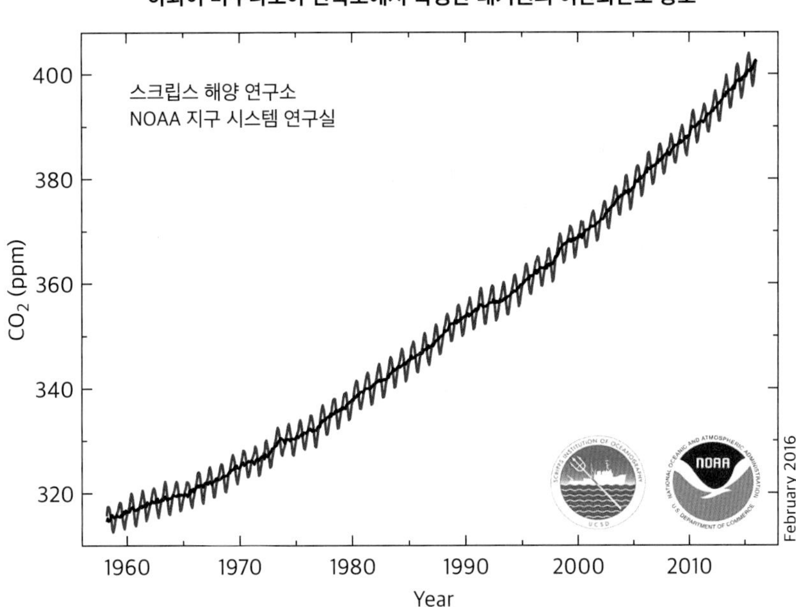

그림 1.8 이 그래프는 1950년 이후로 일정한 기준을 바탕으로 대기권의 이산화탄소 농도를 직접 측정한 자료이다. 미국 해양대기청(National Oceanograhic and Atmospheric Administration, NOAA) 발표 자료이며 매월 새로 추가된다. 웹사이트(www.esrl.noaa.gov/gmd/ccgg/trends) 에서 찾아볼 수 있다.

Q 그래프에서 약간의 흔들림은 무엇 때문인가?

그래프에서 상하의 작은 흔들림은 계절에 따른 이산화탄소 변화량을 나타낸다. 식물은 봄과 여름에 성장을 하면서 주위의 이산화탄소를 흡수한다. 그리고 가을과 겨울에 이산화탄소를 배출한다. 이러한 전 지구적 패턴은 지구의 북반구에서 일어나는 현상이다. 지구의 대륙 대부분은 북반구에 위치하고 있고, 따라서 대부분의 나무와 식물도 북반구에 있다. 이런 계절적 흔들림은 매년 5월에 가장 심하다. 왜냐하면 전년도의 식물 대부분이 5월에 소멸되지만(이 과정에서 이산화탄소가 발생한다), 북반구의 식물들이 이산화탄소를 흡수하는 여름은 아직 본격적으로 시작되지 않았기 때문이다.

Q 하와이 마우나로아 지역의 이산화탄소 농도가 지구 전체의 이산화탄소 농도를 대표할 수 있을까?

이산화탄소의 농도는 지구 여러 지역에 따라 변한다. 때문에 가능하면 지역적 조건에 큰 영향을 받지 않는 곳을 측정 지역으로 선정해야 지구 평균 이산화탄소 농도의 대푯값으로 볼 수 있다. 하와이 마우나로아 측정소는 스크립스 해양연구소의 과학자 찰스 데이비드 킬링 박사에 의해 선정되었다. 왜냐하면 그곳의 높은 고도와 비교적 고립된 섬이라는 점 때문에 지구 대기권의 큰 부분을 차지하는 환경을 대표한다고 생각했기 때문이다. 오늘날 많은 과학자들이 다른 지역에서도 이산화탄소 농도를 측정하고 있다. 다른 지역에서 측정된 결과를 살펴보면, 대부분의 지역에서도 이산화탄소 농도의 상승 경향이 매우 유사하다. 우리가 마우나로아 측정소의 자료를 사용하는 이유는 그곳의 자료가 가장 오랫동안 연속적으로 측정한 자료이고, 다른 지역의 자료와 비교해볼 때 이 자료가 이산화탄소 농도 상승을 확신할 수 있는 자료라고 여겨지기 때문이다. 킬링 박사의 연구가 매우 중요하다고 인정되면서 〈그림 1.8〉의 그래프를 킬링 곡선Keeling Curve이라고 종종 부른다.

과거의 이산화탄소 농도는 어떻게 측정하나?

비록 우리가 이산화탄소 농도를 직접 측정한 것은 1950년대 후반의 일이지만, 과학자들은 오래전 지구의 이산화탄소 농도를 측정하는 다양한 방법을 발견해왔다. 가장 믿을 만한 이산화탄소 농도는 오래된 얼음에 포집되어 있는 공기 방울에서 시작한다. 그린란드의 빙하나 북극의 빙하에 오랜 시간 얼어 있는 얼음을 조사하는 것이다. 측정 과정이 어렵고, 매우 조심스럽게 진행이 되지만, 기본 아이디어는 단순하다. 과학자들은 얼음을 드릴로 뚫으면서 바닥으로 내려간다. 그 과정에서 〈그림 1.9〉에서 볼 수 있는 원통형 얼음 핵ice core을 추출한다.

원통형 얼음은 오랜 기간 쌓인 눈이 압축되면서 고체의 얼음이 된 것이다. 얼음의 아랫부분은 윗부분보다 더 오래된 시기를 나타낸다. 지금까지 시추한 가장 긴 원통형 얼음 핵은 북극에서 캐낸 것으로 길이가 3.2km이다. 그리고 그 정도의 얼음 길이는 약 80만 년 동안의 시간이 축적된 것이다. 이렇게 채굴된 원통형 얼음 핵에 포집된 공기 방울을 연구함으로써, 과학자들은 지난 80만 년 전부터 지금까지 지구의 이산화탄소 농도가 어떻게 변화했는지 측정해왔다. 〈그림 1.10〉은 그 결과를 보여준다. 그리고 1950년 이후의 결과는 확대하여 오른편 그래프로 보여준다.

지난 80만 년간 이산화탄소의 농도가 오르거나 내리거나 한 것에 주목하라. 이런 변화는 자연스러운 현상임에 틀림없다. 왜냐하면 이런 이산화탄소 농도 변화는 인간이 화석 연료를 사용하기 전부터 발생한 일이기 때문이다. 그리고 화석 연료의 사용은 몇백 년 전부터 시작되었다.

〈그림 1.10〉에서 당신이 알아야 할 몇 가지 사실은 다음과 같다.

그림 1.9 이 사진들은 압축된 눈으로 오랜 기간 매년 쌓여 만들어진 원통형 얼음 핵을 시추하는 장면이다. (내부에 공기 방울이 포집되어 있다. 과학자들은 우리가 나무의 나이테로부터 나무의 나이를 아는 것과 같은 방식으로 얼음에서 과거의 기후를 알 수 있다.) (출처: NASA, Goddard Space Flight Center)

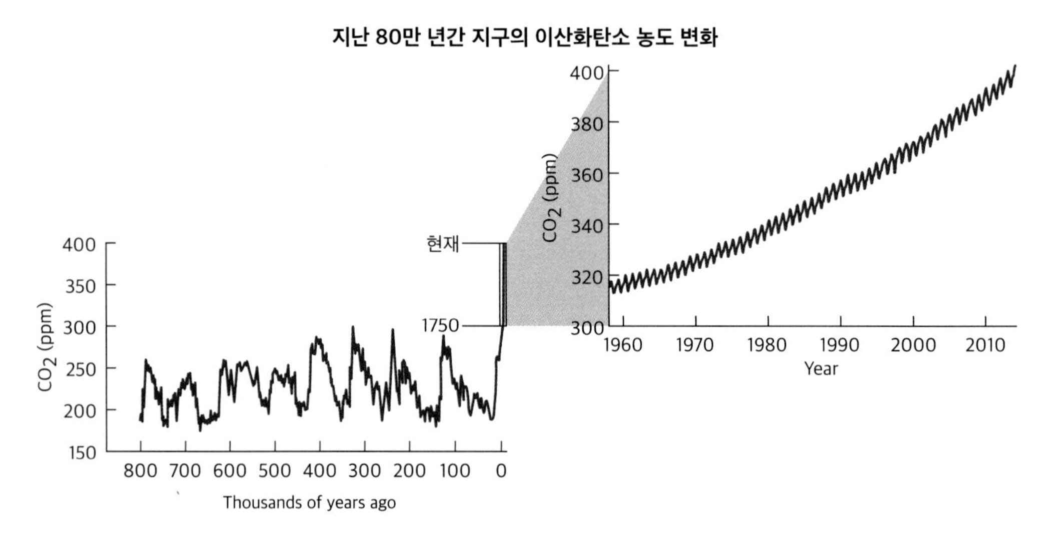

그림 1.10 이 그래프는 지난 80만 년간 지구의 이산화탄소 농도 변화를 보여준다.
(출처: 남극 빙하 얼음 핵 발굴을 위한 유럽 프로젝트 결과)

- 지난 80만 년간 이산화탄소 농도는 자연적으로 변화했다. 그리고 그 농도 변화는 180~290ppm 범위였다. 이런 자연적 상태의 이산화탄소 농도는 1750년 이후로 급격히 증가하였다.
- 오늘날 이산화탄소 농도는 400ppm 정도이며 이것은 산업혁명 이전보다 40% 정도 증가한 것이다(1790년에는 280ppm). 더구나 오늘날의 이산화탄소 농도는 지난 80만 년의 어느 시기보다 높다.
- 만일 우리가 현재의 농도를 바탕으로 미래의 농도를 예측한다면, 앞으로 50년 후에는 산업혁명 이전의 농도보다 2배 높은 농도(560ppm)가 예상되며, 다음 세기 중반(2150년 정도)에는 농도가 3배(840ppm)로 증가할 것으로 예상된다.

대기권의 이산화탄소 농도 증가가 자연 발생적이 아니라 인간의 활동 때문이라는 것을 어떻게 알 수 있을까?

대기권의 이산화탄소를 증가시키는 자연적인 요인들은 몇 가지 있다(화산 폭발 등). 하지만 〈그림 1.10〉에서 보듯이 급격한 이산화탄소 농도 증가는 전적으로 인간의 활동 탓이다. 대부분의 이산화탄소는 화석 연료 연소에서 발생하며, 부수적으로 산림 벌채, 시멘트 생산과 같은 산업 공정에서 나온다.[9] 현재 대기권의 이산화탄소 증가에 대하여 왜 우리의 책임이 확실한지에 대한 네 가지 이유가 있다.

첫 번째 이유는, 대기권의 이산화탄소 증가는 인간이 화석 연료의 사용으로 인하여 증가시킨 이산화탄소와 같은 양이다. 북극의 원통형 얼음 자료에서 보면, 1750년 이전의 1,000년 동안 이산화탄소의 농도는 280ppm으로 일정하게 유지되고 있었다. 그런 이산화탄소의 농도가 급격하게 증가해서 현재의 400ppm이 된 것은 바로 산업혁명이 시작된 시기와 맞물린다. 이런 상관관계는 당신이 산업화의 과정을 추적하고 그에 따른 이산화탄소 증가를 살펴보면 좀 더 명확해진다. 〈그림 1.11〉의 왼쪽 그래프는 매년 인간의 활동에 따른 이산화탄소의 농도 증가를 나타내고 있으며, 아울러 화석 연료의 종류별로 이산화탄소 배출량을 보여주고 있다. 〈그림 1.11〉의 오른쪽 그래프를 보면, 앞서 본 〈그림 1.8〉의 반복이라고 생각할 수 있다. 하지만 〈그림 1.8〉에서의 검은색 곡선은 계절별 변동의 평균 추이를 보여준 것이다. 〈그림 1.11〉에서 계절별 변동은 검은색 곡선이고, 붉은색 곡선은 인간의 활동에 따른 대기권 이산화탄소의 증가된 양을 나타낸 것이다.[10] 두 곡선이 완벽하게 일치한다는 것은 결국 이산화탄소 증가는 우리가 예상한 대로 인간 활동 때문이라는 것이다.

Q 인간의 활동으로 방출된 이산화탄소는 모두 대기권에 축적되는가?

아니다. 세심한 측정 결과를 보면, 방출된 이산화탄소의 절반 정도가 대기권에 축적이 되고, 나머지는 바다에 용해된다(일부는 식물에 흡수된다). 그리고 바다의 이산화탄소 농도 증가는 대기권의 이산화탄소의 농도와 연관된다는 것이다. 바

9 시멘트 산업은 석회석과 같은 탄산염 광물을 가열함으로써 만들어진다. $CaCO_3 \Rightarrow CaO+CO_2$ 이 과정에서 이산화탄소가 발생한다. 시멘트 산업은 대기권에 증가하는 이산화탄소의 5% 정도를 차지한다. 현재 많은 시멘트 제조회사들이 이산화탄소를 줄이거나 이산화탄소 방출이 없는 공정을 연구하고 있다.

10 좀 더 정확히 표현을 하면, 〈그림 1.11〉의 오른쪽 그래프의 붉은색 곡선은 과거부터 축적된 전체 이산화탄소의 양이다. 달리 표현하면, 〈그림 1.11〉의 왼쪽 그래프의 자료에서 매년 값들을 더하고, 1850년부터 특정한 년도까지 총 방출된 양을 합해서 이 곡선을 만들 수 있다. 그래프의 붉은색 곡선에 대해서는 단위를 표시하지 않았다. 중요한 사실은 두 곡선이 일치한다는 것이기 때문이다.

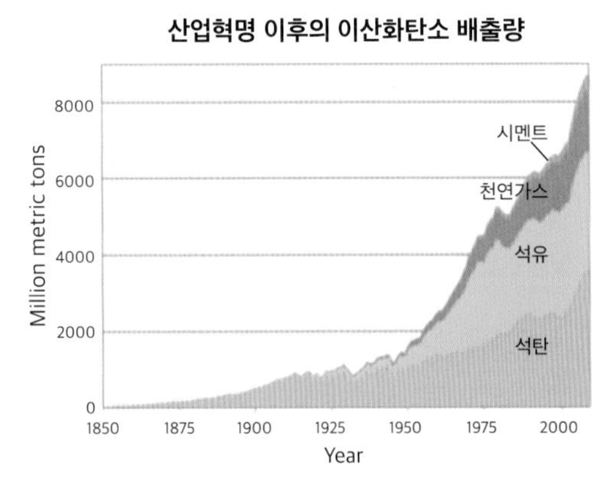

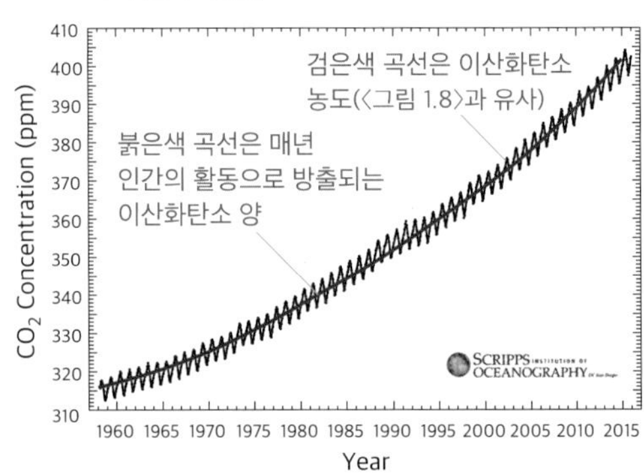

그림 1.11 왼쪽 그래프는 산업혁명 이후로 이산화탄소 발생의 원인이 되는 화석 연료의 종류별 배출량을 보여준다. 오른쪽 그래프의 붉은색 곡선은 인간의 활동에 따른 이산화탄소의 증가율을 나타내고, 검은색 곡선은 대기의 이산화탄소 농도를 나타낸다. 이 두 곡선이 완벽하게 일치함을 주목하라.

다에서의 이산화탄소 농도 증가는 바닷물을 산성화시키고, 이것은 '해양 산성화' 문제를 발생한다. 이 주제는 지구 온난화의 주요 영향 중 하나로 3장에서 다룰 것이다.

주목할 사항: 우리는 바다가 어느 정도까지 이산화탄소를 흡수할 능력이 있는지 알지 못한다. 하지만 과학자들은 바닷물의 온도가 올라가면 이산화탄소의 흡수 속도가 떨어질 것이라고 예상한다. 만일 그렇다면 바다의 이산화탄소 흡수 속도가 떨어지면서 대기권의 이산화탄소의 양은 증가하게 될 것이다. 그런 경우에는 〈그림 1.8〉에 보여준 것보다 더 가파르게 대기권의 이산화탄소 농도가 증가할 것이다.

두 번째 이유는, 다른 요인에 의한 이산화탄소의 증가가 현실적이지 않다는 것이다. 과학자들은 화산 폭발과 같은 자연적 요인에 의한 이산화탄소 증가를 다양한 방식으로 측정하였다. 하지만 그런 요인은 인간의 활동에 의한 증가와는 비교가 되지 못했다. 실제로, 자연적 요인에 의한 이산화탄소 증가의 기여는 인간의 활동에 의한 기여의 1%도 안 된다. 산림 벌채도 이산화탄소의 증가를 가져온다. 왜냐하면 나무와 식물에 저장된 이산화탄소를 방출하기 때문이다.

Q 인간의 활동으로 방출된 이산화탄소의 양은 해양과 유기물에서 방출되는 이산화탄소의 양에 비하여 매우 적은 양이라고 알고 있다. 왜 우리는 자연 발생원에서 나오는 이산화탄소를 대기권 이산화탄소 증가의 원인이라고 하지 않는가?

그 이유는 자연적 요인은 자연적인 균형을 갖고 있기 때문이다. 즉 바다와 식물에서 방출되는 이산화탄소의 양은 인간의 활동에 따른 것보다 매우 크다. 하지만 자연적으로 방출되는 이산화탄소는 완벽하게 자연적 흡수 과정에서 흡수가 된다. 예를 들면, 인간에 의한 발생을 계산하지 않으면, 바다는 방출된 이산화탄소 양만큼 정확하게 이산화탄소를 흡수한다. 그리고 식물은 동물에 의해 방출된 이산화탄소를 자연스럽게 흡수한다. 만일 이런 일이 자연적으로 발생하지 않았다면, 〈그림 1.8〉에 보여준 것보다 엄청나게 큰 폭으로 이산화탄소 농도의 변동이 있어야 가능하기 때문에 이것을 사실이라고 확신해도 된다. 자연적으로 이산화탄소의 농도가 변할 수 있는 상황은 균형이 깨진 경우이다. 화산 폭발이 이런 경우이다. 이런 경우에 이산화탄소는 증가하지만, 자연적으로 감소되지는 않는다. 하지만 이 양은 인간의 활동에 의한 것보다 매우 적기 때문에 무시해도 된다. 산림 벌채 또한 이산화탄소 증가를 가져온다. 왜냐하면 나무와 식물에 저장된 이산화탄소를 방출하는 것이기 때문이다. 과거 몇 세기 전부터 발생한 산림 벌채는 인간의 활동 때문이었다.

세 번째 이유로는, 화석 연료는 연소될 때 산소가 필요하며, 그 연소 결과 이산화탄소가 생긴다. 따라서 화석 연료의 연소에 의한 이산화탄소 농도가 증가했다면, 그에 상응하는 산소의 농도 감소 또한 바다와 대기권에서 발생해야 한다. 실제로 산소의 농도는 측정이 되었다. 아직까지 산소의 농도 감소가 우리에게 영향을 미칠 정도는 아니다. 대기권에는 21% 정도의 산소가 있고 현재까지 산소의 농도는 0.1% 미만으로 감소되었다. 하지만 바다에서 산소가 부족한 지역이 증가되면, 바다에 사는 생물에게는 큰 피해가 될 것이다.

네 번째 이유는, 이것이 우리에게 가장 확신을 주는 내용인데, 대기권의 이산화탄소에 대한 매우 세밀한 화학 분석을 통하여 이산화탄소 농도의

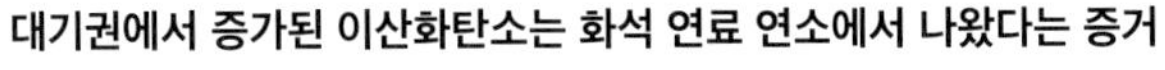

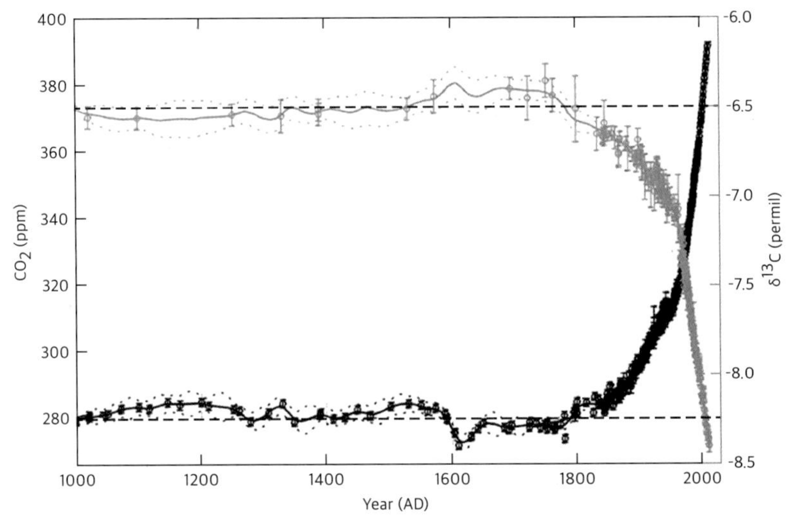

그림 1.12 이 그래프는 1,000년간 빙하 얼음 핵에 존재하는 이산화탄소의 농도(검은색)와 C-13 동위 원소의 양(갈색)을 표시한 것이다. C-13의 농도가 급격하게 감소하고 있는 자료는 대기권 이산화탄소 증가가 화석 연료의 연소에서 온다는 의심할 수 없는 명백한 사실에 대한 확실한 증거이다.

증가가 화석 연료에서 왔다는 것을 보여주는 것이다. 이것의 증거로는 바로 탄소 원자가 형태가 다른 3개의 동위 원소로 존재한다는 것을 이해하는 것이다. 즉 C-12, C-13, C-14는 다른 탄소의 원천(화산 폭발, 산림 벌채, 화석 연료 연소)에서 왔다는 것이다. 이제 대기권의 이산화탄소 동위 원소를 측정함으로써 대기권의 이산화탄소의 원천을 살펴보자. 우선 C-14를 살펴보자. 이것은 방사성 물질이며 지구 상층부에서 우주광선이 탄소 원자를 가격할 때 발생한다.[11] C-14는 호흡을 통해서 살아 있는 유기체에 포함되어 있다. 하지만 유기체가 죽으면 서서히 감소한다. 따라서 매우 오래전 유기체에서 만들어진 화석 연료에는 이런 C-14가 존재할 수 없다. 따라서 화석 연료가 대기권 이산화탄소 농도 상승의 주요 원천이라면, 대기권의 C-14

11 C-14는 반감기가 대략 5,700년이다. 즉 지구가 처음 형성될 때 발생한 C-14는 존재하지 않는다. C-14의 반감기는 알려져 있기 때문에 죽은 유기체에 남아 있는 C-14는 수만 년 전에 죽은 화석이나 고고학 유물의 '방사능 탄소의 연대 측정'에 활용된다. 예를 들면, 아주 오래된 화석에서 C-14는 존재하지 않지만, 과학자들은 C-14의 반감기보다 좀 더 오래된 유물에서는 그들의 나이를 알 수 있다.

의 양은 매우 적을 것이다. 그리고 이런 예측은 관찰로 확인되었다.

좀 더 확실한 증거는 대기권의 C-13 동위 원소의 양을 통해서 확인할 수 있다. C-13은 지구상에 자연적으로 존재하는 탄소에 1.07% 정도 존재한다. 하지만 살아 있는 생명체에서는 조금 적은 양으로 존재한다. (왜냐하면 생명체는 C-13보다는 C-12를 더욱 많이 포함하고 있기 때문이다.) 따라서 화석 연료에서 C-13는 더 적은 양으로 존재한다. 〈그림 1.12〉는 과거 1,000년간 빙하 얼음 핵에 존재하는 이산화탄소의 농도는 검은색으로 표시했고, C-13의 양은 갈색으로 표시했다. 우리가 대부분의 이산화탄소는 화석 연료의 연소에서 온다고 예상했듯이 대기권 이산화탄소의 농도가 증가함에 따라 C-13의 농도가 감소함에 주목하자. 이런 탄소 동위 원소 자료는 '스모킹 건(확실한 증거)'이 된다. 이제 증가된 이산화탄소가 화석 연료의 연소에서 온다는 것은 의심할 수 없는 사실이 되었다.

인간의 활동은 이산화탄소 이외에 다른 온실가스 농도도 증가시킬까?

맞는 말이다. 〈그림 1.13〉의 왼쪽 그래프는 1970년대 후반부터 측정한 대기권의 메탄 농도 변화이다. 또한 빙하 얼음 핵과 다른 출처에서 얻은 자료를 보면 메탄의 농도가 1970년 이후로 2배 이상 증가한 것을 알 수 있다. 인간 활동은 대기권의 메탄 농도를 여러 가지 방식으로 증가시킨다. 그중에서 가장 영향이 큰 세 가지 방식은 1) 가축을 키우거나, 논과 밭에서 농사를 지을 때, 2) 유전이나 가스전에서 기름이나 천연가스를 채굴할 때, 그리고 이것의 수송 과정에서 누출이 발생할 때, 3) 쓰레기 매립지에서 유기물이 분해될 때이다.

〈그림 1.13〉 가운데 그래프에서 질소 산화물의 농도가 급격히 증가함을 알 수 있다. 질소 산화물은 주로 비료를 만들거나, 비료를 사용할 때 발생하며, 이것은 식품 생산과 연관이 있는 것을 의미한다. 한 가지 주목할 만한 사실은 질소 화합물은 화석 연료의 사용과는 아무 연관이 없다는 것이다. 따라서 질소 화합물의 경우에는 이산화탄소나 메탄과는 다른 성격의 문제로 다루어야 한다.

〈그림 1.13〉의 오른쪽 그래프는 할로젠 화합물(할로젠화물)의 농도를 보

이산화탄소 이외의 온실가스들

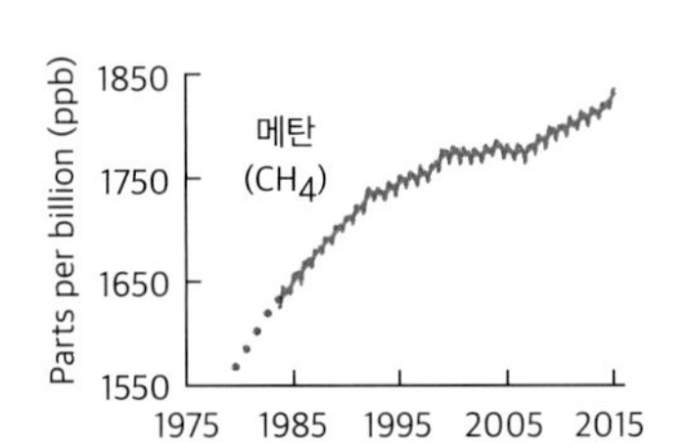

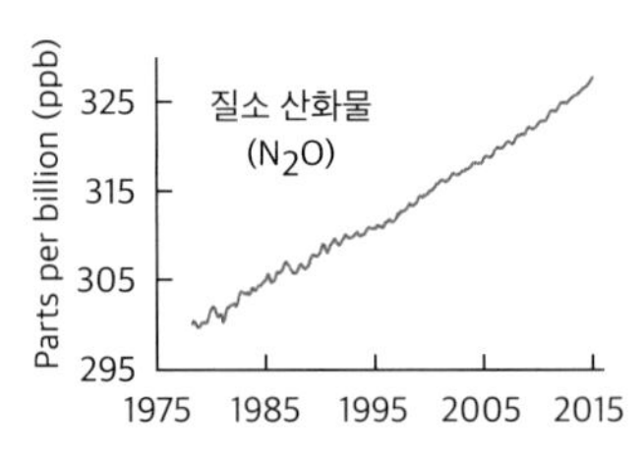

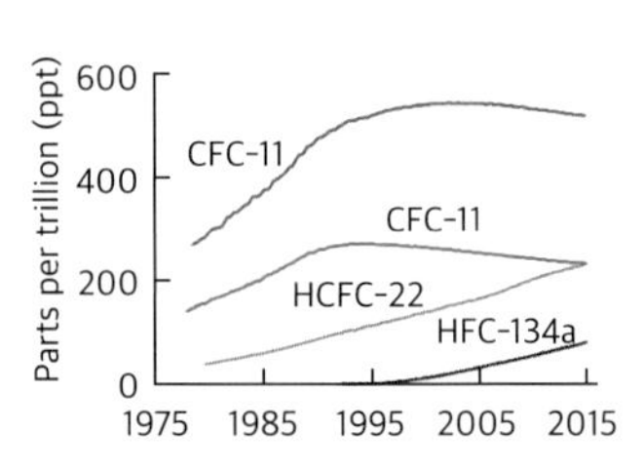

그림 1.13 다음의 그래프는 1970년 이후로 측정한 대기권의 메탄, 질소 화합물, 그리고 CFC를 포함하는 할로젠 화합물과 같은 온실가스의 농도이다. (출처: NOAA 지구시스템 연구소)

여준다. 이 화합물은 전적으로 인간이 만든 화합물로서 자연에는 존재하지 않는다. 그래프에서 CFC의 농도가 1970년과 1980년대에 급격히 증가하다가 그 이후로 감소함에 주목하자. CFC 농도가 감소한 이유는 바로 CFC가 지구의 오존층을 파괴한다는 것을 과학자들이 밝혀낸 이후이다. 오존층은 태양에서 오는 위험한 자외선으로부터 우리를 지켜주는 역할을 하기 때문이다. 그런 과학적 발견으로 인하여 세계 각국이 한데 모여 몬트리올 의정서(그 후 효력을 강화하는 조치가 이루어졌다)를 맺으면서 CFC 대체 물질을 개발하게 되었다.

이산화탄소와 다른 온실가스와의 복합적인 영향을 측정하기 위하여, 과학자들은 연간 온실가스 지표AGGI:Annual Greenhouse Gas Index라는 용어를 만들었다. 이 용어에 대한 자세한 지식은 NOAA 웹사이트에서 찾아볼 수 있다. 이 측정에서 얻은 결론은 이산화탄소 하나만의 영향에 비하여 다른 온실가스가 포함될 경우 지구 온난화에 미치는 영향이 약 50% 정도 더 증가한다는 것이다.

사실 2는 어디까지 믿을 만할까?

인간의 활동이 대기권의 이산화탄소 농도를 증가시킨다는 점은 의심할 여지가 없다. 왜냐하면 인간의 활동이 이산화탄소 증가를 가져왔고, 이것은 우리의 예상과 잘 부합하기 때문이다. 자연적 과정에 의한 이산화탄소 증가는 미미하다. 또한 우리는 대기권의 화학적 분석으로 산소의 농도가 감소함을 발견했는데, 이것은 화석 연료를 연소할 때 산소가 필요하고, 연소의 결과로 이산화탄소가 증가할 것이라는 예측과 잘 맞다. 게다가 마거릿 대처 영국 총리가 1장 시작에서 언급하였듯이 지난 80만 년부터 시작해서(어쩌면 지구가 형성된 이후로) 대기권의 이산화탄소의 증가는 "유례가 없는 속도"로 증가하고 있어서 "지구가 새롭게 경험하는 현상"이라는 점이다.

지구 온난화 1-2-3 : 명백한 결론

이제 앞에서 시작한 '지구 온난화 1-2-3'을 다시 살펴보자.

1. **사실 1** : 이산화탄소는 온실가스이다. 온실가스는 지구에서 방출되는 복사 에너지를 포집하여 지구를 더욱 따뜻하게 한다.
2. **사실 2** : 인간의 활동, 특히 화석 연료의 연소—석유, 석탄, 천연가스와 같이 연소할 때 이산화탄소를 배출하는 것—는 지구 대기권에 온실가스를 엄청나게 증가시킨다.
3. **확실한 결론** : 우리는 대기권에서 이산화탄소 증가가 지구를 더욱 덥게 할 것이라고 "예상한다." 아울러 이산화탄소의 농도가 증가할수록 지구의 온난화는 더욱 강력해질 것이다.

1장에서 사실 1과 2가 왜 과학적으로 증명된 내용인지를 설명하는 증거를 보여주었다. 때문에 '3. 확실한 결론'에서 "우리는 지구 온난화가 발생할 것으로 예상한다"는 불가피하다. 따라서 당신은 지구 온난화가 발생할 때 어떤 위협이 있는지 궁금할 것이다.

물론 우리는 지구 온난화가 온다는 것을 알고 있다고 해도, 얼마나 빨리 그리고 어느 정도의 피해가 있을지는 정확히 알지 못한다. 이런 주제들을 잘 이해하기 위해서, 지구의 기후에 대하여 좀 더 세밀한 연구가 필요하다. 하지만 우리가 대기권에 이산화탄소의 배출을 멈추지 않는다면, 지구는 점점 더 뜨거워질 것이다. 이제 당신은 스스로에게 물어보고 싶을 것이다. 우리는 지구가 얼마나 많이 뜨거워질 때까지 그 위험을 견딜 수 있을까?

2 회의적 논쟁

나는 기후 변화에 대한 논쟁을 단순하고 명확하게 하고자 한다. 기후가 변화하고 있는가는 중요하지 않다. 기후는 항상 변한다. 이산화탄소가 증가하는지 아닌지가 초점이 아니다. 대기권의 이산화탄소는 증가한다. 이산화탄소의 증가 그 자체가 지구 온난화를 가져오는지도 논점이 아니다. 이산화탄소는 지구 온난화를 가져온다. 논쟁의 핵심은 단순하다. 이산화탄소의 증가가 '어느 정도로' 지구 온난화를 유발하는가이다. 그리고 지구 온난화가 얼마나 많은 재난을 가져오느냐 하는 것이다.

_____ 리처드 린젠(2012년 2월 22일, 영국 하원 연설)

리처드 린젠은 지구 온난화의 위협에 대한 논쟁에서 가장 유명한 '회의적' 인물이다. 린젠은 미국 MIT 교수이기 때문에 과학적 신뢰도가 높고, 국회에 불려 나가서 많은 증언을 했다. 그는 또한 지구 온난화의 우려에 반대하는 많은 논문과 언론에 기고문을 썼다(《월스트리트 저널》 논설 등). 하지만, 당신도 위에 언급한 그의 발언에서 보듯이, 그 또한 우리가 1장에서 논의한 기본적 과학적 사실에 대해서는 논쟁하지 않는다. 그는 단지 '위협의 크기'에 대해서만 논쟁을 한다.

다른 말로 하면, 지구 온난화는 의심할 여지가 없는 사실이지만, 그 지구 온난화가 주는 영향이 얼마나 심각한지에 대한 정당한 토론이 필요하다는 것이다. 당신이 지구 온난화에 대한 '과학적 합의'에 대하여 들은 것이 있다면, 그것은 바로 이 주제를 연구한 대부분의 과학자들이 지구 온난화를 지구의 미래에 대한 위협이라 주장하는 것이고, 따라서 매우 중대하고 즉각적인 행동이 필요한 때라고 하는 것이다. 하지만 린젠을 비롯한 다른 회의론자들이 주장하듯이 지구 온난화의 위협이 지나치게 과장되었다는 주장 또한 가능성이 있다는 점 역시 인정하는 것이 공평하다. 2장에서는 회의론자들이 주장하는 논쟁의 4가지 핵심 주제에 대하여 설명하고자 한다. 그리고 각 주제에 대한 증거가 무엇을 말하는지 살펴볼 것이다.

회의적 주장 1 : 지구는 예상만큼 덥지 않다.

지구 온난화에 대한 첫 번째 회의적 주장은 1장의 과학적 근거 1-2-3의 간단명료한 결론에도 불구하고, 지구는 그런 과학적 예측대로 점점 더워지고 있지는 않다는 것이다. 이런 주장의 타당성을 판정하기 위한 과학적 근거를 살펴보자.

지구는 정말 더워지고 있는가?

지구가 정말 더워지고 있는지 판단하기 위해서, 과거 오랜 시간 지구 평균 온도의 변화 과정을 추적할 필요가 있다. 우리가 지구의 온도를 직접적으로 측정한 시기는 1880년대부터인데, 그 당시에는 측정의 부정확성이 존재한다. 〈그림 2.1〉은 1880년대 이후 지구 평균 온도의 변화를 나타낸다. 그

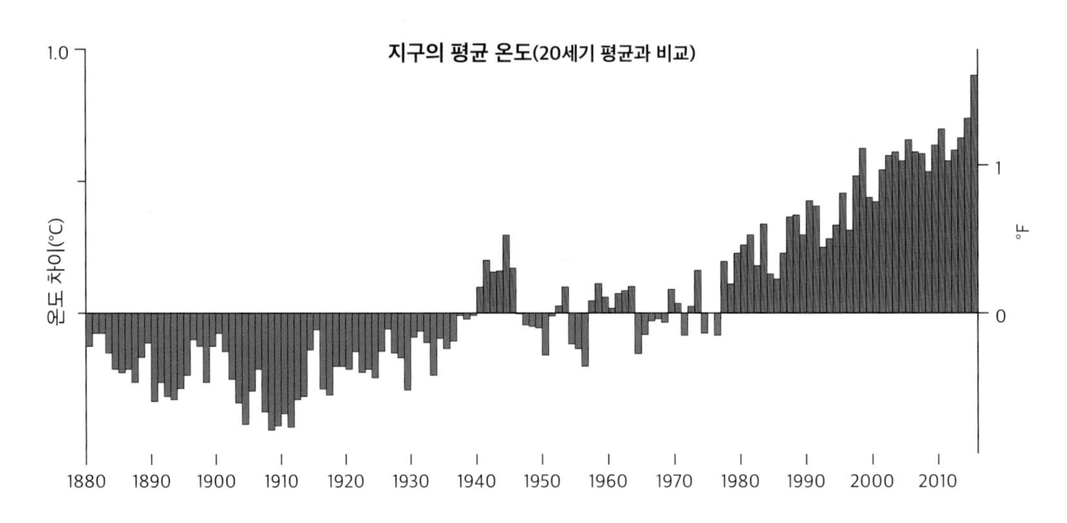

그림 2.1 이 그래프는 1880년부터 2015년까지 지구의 평균 온도가 어떻게 변했는지 보여준다. 그래프의 수평선(°C)은 20세기 전체의 평균 온도이다. 최근 수십 년간 평균 온도가 상승했음에 주목하라.

래프에서 온도가 상승하는 명확한 경향을 보라. 지난 세기와 비교하여 최소한 0.8°C 이상 증가함에 주목하라. 이 그래프는 우리가 앞서 보여준 1-2-3 논리에서 예측한 대로, 지구는 더워지고 있다는 것을 확인시켜 준다.

Q 지표면 온도 자료는 믿을 만한가?

이런 자료가 믿을 만하려면 자료를 측정하는 과학자들의 세심한 노력이 필요하다. 지구의 평균 온도는 지구 곳곳의 다른 지역에서 측정한 지역 온도의 평균값을 계산해야 한다. 하지만 이런 과정이 쉽지는 않다. 예를 들면, 온도 측정에는 다음과 같은 명백한 복잡성이 내포되어 있다. 1) 오늘날에도, 지구의 광활한 면적(해양, 극지방을 포함하여)에 비하면 상대적으로 좁은 지역에서 온도를 측정해야 하기 때문에, 이것이 지구 전체의 평균 온도라고 믿기에는 어려움이 있다. 2) 이런 문제는 우리가 과거의 온도 측정 자료를 고려해보면 더욱 심각해진다. 왜냐하면 과거에는 지금보다 온도 측정 장소가 더 적었기 때문이다. 3) 대부분의 온도 측정 지역은 도시 외곽 지역이고, 그곳은 시골이나 사람이 살지 않는 지역보다 온도가 높다. 왜냐하면 도시 지역은 아스팔트와 자동차 열로 인하여 자체적으로 열을 발산하기 때문이다(도시 열섬 효과).

이런 어려움 때문에, 지구의 평균 온도 측정에는 불확실성이 존재한다. 사실 1장의 〈그림 1.3〉에서 언급한 15°C는 이런 이유로 인하여 1°C 내지 2°C는 낮을 것이다. 때문에 〈그림 2.1〉은 매년 측정된 온도보다는 '온도 차이'만 표시한 것이다. 이런 방식이 어떤 도움이 되는지 이해하기 위해서 매일매일 당신이 자신의 몸무게를 2개의 다른 저울을 사용하여 측정한다고 상상해 보자. 2개의 저울 중 하나는 항상 다른 것보다 낮은 몸무게를 표시할 것이다. 따라서 당신은 어떤 저울이 정확한지 알 도리가 없다. 하지만 당신이 일주일에 2kg 정도 몸무게가 빠졌다면, 두 개의 저울 모두 2kg 감소한 값을 표시할 것이다. 같은 방식으로, 날씨 관측소에서 매년 측정한 온도 값은 측정된 온도의 정확성보다는 온도 차이의 정확성이 더욱 믿을 만하다. 그러므로 매년 온도 차이의 평균값을 택함으로써 과학자들은 지구의 '정확한 온도'는 알지 못해도 '지구의 온도가 어떻게 변화하는지에' 대한 신뢰성 있는 자료를 얻게 된다. 게다가, 최근 몇십 년간 과학자들은 인공위성에서 측정한 자료를 얻게 되었다.[1] 인공위성은 지구 어디에서나 측정이 가능하기 때문에 관측이 어려운 지역에서도 온도 측정이 가능하다.

그럼에도 불구하고, 온도 측정은 쉬운 일이 아니다. 예를 들면, 온도 측정 장소와 숫자가 시간에 따라 변하듯이, 도심에서 뿜어내는 열 또한 도시의 성장에 따라 변한다. 또한 인공위성의 측정 온도 또한 인공위성의 종류에 따라 다르다. 따라서 과학자들은 측정된 온도 자료를 가지고 해석을 할 때 이런 모든 점을 고려하여야 한다. 운 좋게도, 몇몇 과학자 그룹이 지표면과 인공위성에서 측정된 온도 자료를 다른 방식으로 해석한 결과를 발표하였다.[2] 그 결과 각각 다른 연구자 그룹들의 예측이 거의 일치하였다. 따라서 〈그림 2.1〉에 있는 온도 상승 경향에 대한 그래프를 신뢰하게 되었다. 물론 이 자료의 불확실성에 대한 논쟁이 있기는 하지만, 지구가 과거에 비해 더워지고 있다는 일반적 경향에 대한 심각한 논란은 없었다.

마지막으로 〈그림 2.1〉에서 보여준 지구 온난화 정도가 실제보다 낮게 예측되었을 가능성에 주목하자. 그 이유는 극지방은 자료에서 낮게 측정이 되었고(왜냐하면 측정 장소가 적기 때문이다) 이런 극지방은 다른 지역보다 확실히 더 빠르게 더워지고 있었다. 만일 극지방에 더 많은 측정소가 있었다면, 이 자료는 더욱 빠르게 더워지는 지구를 나타냈을 것이다.

Q 〈그림 2.1〉의 자료에서 오차는 어느 정도인가?

과학자들은 일반적으로 측정의 불확실성을 신뢰도의 정도로 표시한다. 그리고 가장 일반적인 신뢰도 범위는 "신뢰도 95%"이다. 만일 어떤 온도 측정 자료가 0.8°C이고 오차가 0.1°C라고 하면(이런 경우에는 0.8 ±0.1°C로 표현한다) 이것이 의미하는 것은 실제 온도가 0.7°C와 0.9°C 사이에 있을 가능성이 95%라는 것이다. 하지만 이러한 불확실성에 대한 표현이 단순히 추정에 의한 것이 아님에 주목하

1 인공위성에서 측정한 온도는 지표면의 온도를 측정한 것이 아니라, 대략 비행기 운항 고도(8~15km)에서 측정한 온도이다. 따라서 온실 효과의 영향이 지표면보다는 약하다. 이러한 점에 유의하여 자료를 활용해야 한다.

2 각 연구자 그룹이 어떻게 평균 온도를 측정했는지에 대한 자세한 내용은 웹사이트(www.carbonbrief.org/blog/2015/01/explainer-how-do-scientists-measure-global-temperature/)에서 찾아볼 수 있다.

라. 이런 불확실성의 정도는 측정 장치의 잠재적 오차와 자료들의 세심한 분석의 결과이다. 물론 세심한 분석은 어려운 일이고, 그래서 모든 연구 그룹의 결과가 항상 '최적의 측정값' 또는 오차의 범위와 일치하지는 않는 것이다. 하지만, 앞에서 언급했듯이, 각기 다른 연구 그룹의 온도 분석 자료는 거의 일치한다. 과거의 자료에는 불확실성이 현재보다 크다(당시는 온도 측정 장소가 몇 군데 없었고, 인공위성 자료도 없었다). 전체적으로 보면, 다음과 같다.[3]

- 〈그림 2.1〉의 과거 자료에서 측정의 불확실성(95% 신뢰도)은 1880~1900년대에 약 0.1°C였다. 예를 들면, 1885년에 -0.2°C를 나타냈다는 것은 실제 값은 -0.3°C에서 -0.1°C가 되는 것이다.
- 불확실성은 현재로 오면서 점점 작아지는데, 1980년 이후로는 0.03°C 이하로 떨어졌다. 예를 들면, 2015년에 측정된 0.90°C의 실제 값(95% 신뢰도)은 0.87°C에서 0.93°C가 되는 것이다.
- 1880년 이후로 지구의 온도는 0.85°C 따뜻해졌는데, 불확실성은 대략 0.2°C이다. 따라서 지구 온난화(95% 신뢰도)에 따른 온도 상승은 아마도 0.65°C에서 1.05°C가 될 것이다.

잠깐! 내가 알기로는 1990년 후반부터 지구 온난화가 멈추었다고 들었다. 지구는 정말 더워지고 있나?

지구 온난화 회의론자들이 최근 주장하는 대표적인 것이 1990년 이후로 지구 온난화가 '멈추었다'는 것이다. 하지만 이런 주장은 잘못된 것이라는 것은 증명이 가능하다. 지구의 온도와 기후 시스템은 자연적 변동에 다소 영향을 받는다. 당신이 그래프에서 매년 변화를 보면 그 경향이 명백하다.

3 사실 대부분의 과학자들은 온도 측정의 불확실성 정도가 저자가 이 책에서 제시한 수치보다 작다고 생각한다. 하지만 저자는 좀 더 보수적인 측면에서 수치를 제시했다. 온도 측정의 불확실성에 대한 깊은 논의는 GISS(Goddard Institute for Space Studies) 웹사이트에서 찾아볼 수 있다. 만일 온도의 통계 자료에 대하여 좀 더 깊이 이해를 하고 싶다면 온도 측정의 분석과 불확실성에 관한 좋은 논문 하나를 소개한다. J. Hansen et al., "Global Surface Temperature Change," *Rev. Geophys.* 48, RG4004 (2010).

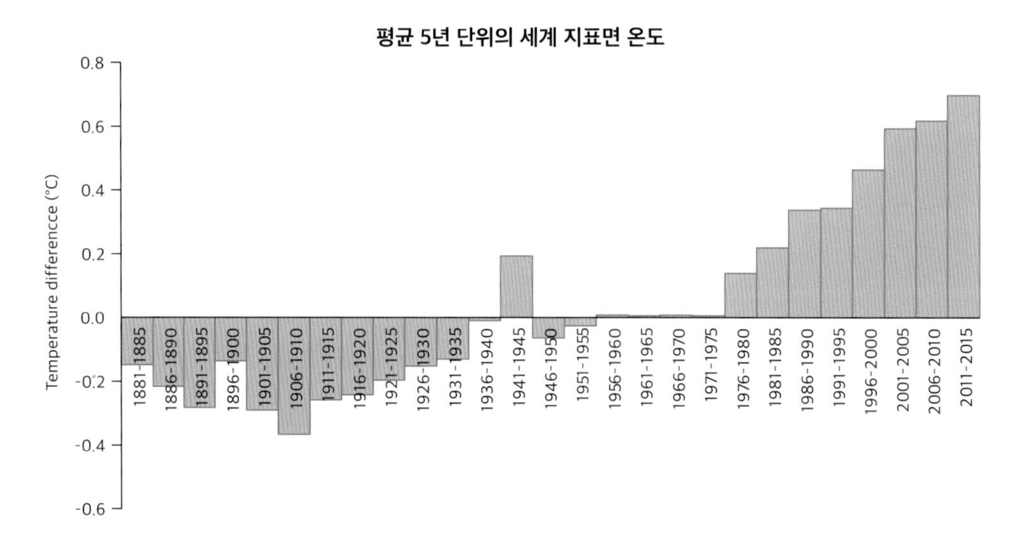

그림 2.2 이 그래프는 〈그림 2.1〉의 자료를 5년간 평균값으로 계산한 것이다. 그림에서 최근 15년간 온난화 속도가 느려지고 있지만, 1980년 이후 5년마다 온도가 높아지고 있다.

그러므로 당신이 장기적인 추세를 살펴보고 싶다면, 수십 년의 평균값을 보아야 한다. 〈그림 2.2〉에서 나는 〈그림 2.1〉의 자료를 5년간의 평균값으로 대신하였다. 그림에서 알 수 있듯이, 1990년 이후로 온도 상승의 속도가 느려지고 있지만, 온도의 변화 추세는 상승하고 있다. 따라서 '지구 온난화는 멈추지 않았다'. 당신도 보다시피, 1980년 이후로 5년 간격의 평균 온도는 기간마다 지구가 더워지고 있음을 보여준다. 가장 최근인 2011-2015년 자료 또한 예외가 아니다. 다시 〈그림 2.1〉을 살펴보면, 2014년과 2015년 모두 매년 최고 온도를 보여준다. 특히 2015년에는 전년과 큰 차이로 온도 상승 기록을 세웠다. 물론, 우리는 온도 상승이 매년 기록을 세울 거라고 예상하지는 않는다. 하지만 지구 온난화가 진행 중이라는 추세에는 분명한 증거가 된다. 또한 과학은 이런 지구 온난화의 추세가 미래까지 지속될 것이라는 것을 말하고 있다.

Q 지구가 더워지는 현상이 지연되고 있다는 주장이 있지 않은가?

지구 온난화 속도가 느려지고 있는 것은 어느 정도 사실이다. 과학자들은 이 문제를 설명하려고 노력하고 있다. 현재 이런 현상에 대한 기본적인 설명은 다음과 같다. 증가된 이산화탄소에 의하여 대기권에서 포집된 열과 에너지의 증가분은 여러 가지 방식으로 그 효과를 나타낸다. 그리고 〈그림 2.1〉과 〈그림 2.2〉에서 보여준 지표면 온도 상승은 그 효과 중 하나일 뿐이다. 사실, 대기권에서 증가된 열과 에너지의 90%는 해양의 해저에 있는 물을 데우는 데 사용된다(지표면이나 바다의 표면에 있는 물이 아니다). 또한 해양의 물 온도가 더워지고 있는 자료를 보면 지구 온난화가 느려지고 있지 않다는 증거가 된다.(〈그림 2.3〉)

최근의 연구(P. J. Gleckler et al., Nature Climate Change [Jan. 18, 2016])를 살펴보면, 지표면의 온도 상승이 느려지고 있는 바로 그 시기에 해양 심층수의 온도 증가가 '가속화'되고 있다는 것을 알 수 있다. 또한 대기권에서 증가된 열과 에너지가 사용되는 곳은 빙하의 용융이며 빙하의 용융 속도가 느려지고 있다는 증거는 없다. 다른 말로 하면, 1990년 이후 지구 온난화가 느려지고 있는 것에 대한 설명은 이 시기가 다른 시기에 비하여 더 많은 열이 해양의 온도를 높이고 빙하를 녹이는 데 사용되었다는 것이다.

만일 당신이 다른 시기마다 다른 방식으로 열이 지구에 저장되는지 궁금하다면, 이것은 기상시스템에서 자연적 요소의 영향으로 여기면 된다. 예를 들면, 당신은 '엘니뇨'라는 날씨 현상에 대하여 들어본 적이 있을 것이다. 이 현상은 다양

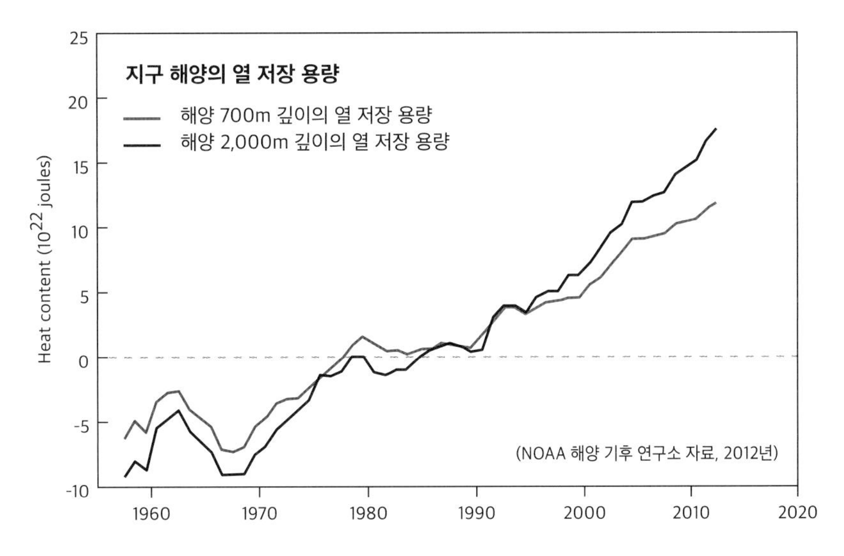

그림 2.3 이 그래프는 측정된 해양의 열 함유량이 최근 어떻게 변화하는지 보여준다. 이 자료는 5년의 평균값을 취했다. 그래프를 보면 해양의 열 함유량 증가가 느려지고 있다고 볼 수 없다. 게다가 최근 자료를 보면 해양의 더 깊은 곳에 있는 물의 열 함유량이 증가함을 알 수 있다.

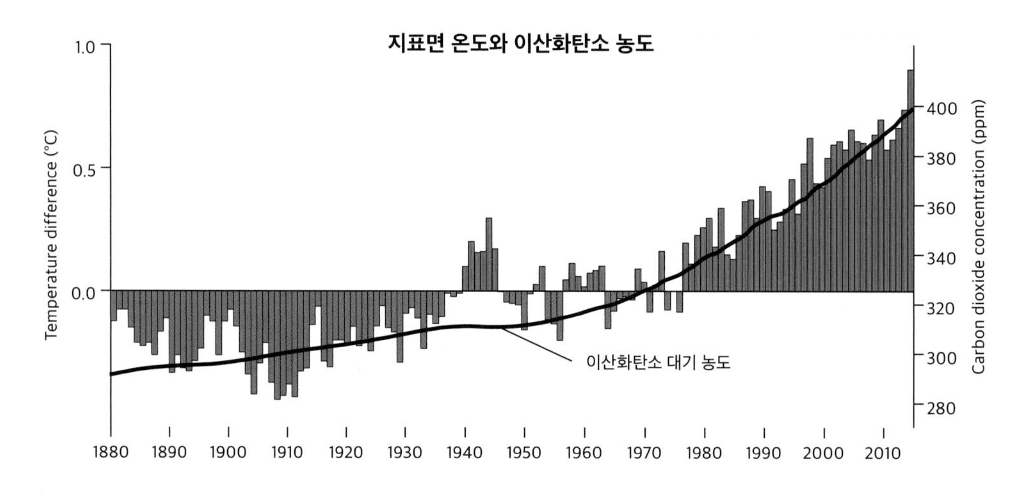

그림 2.4 이 그래프는 〈그림 2.1〉의 그래프에 이산화탄소 농도를 추가한 것이다. 최근에 가까울수록 이산화탄소 농도와 지표면 온도 상승 그래프가 함께 상승하는 것을 보여준다. 이것이 지구 온난화에 대한 명료한 과학적 기본 사실을 지지하는 증거이다.

한 영향을 주지만, 그 원인은 태평양 동쪽 바다가 따뜻해짐으로써 발생한다. 엘니뇨 현상은 자연적으로 발생하는 것이며, 한 번 발생하면 1년 정도 지속된다. 하지만 얼마나 오랫동안 지속될지는 알 수 없다. 또한 엘니뇨는 비규칙적으로 발생하며, 강도도 매우 다르다. 엘니뇨는 한 번 발생하면 전체 지구에 영향을 주기 때문에 그 과정에서 열이 지구에 저장되는 방식을 바꾼다.[4] 엘니뇨뿐만 아니라 다른 자연적인 과정 또한 지구의 열저장 방식에 변화를 준다.

〈그림 2.1〉의 1998년이 유난히 더운 해였다는 사실에 다시 주목하라. 만일 우리가 그림에서 1998년의 자료를 제거한다면, 1990년 이후로 지구의 온난화가 '천천히' 진행되었다는 주장은 설득력이 떨어진다. 그러면 왜 1998년은 유난히 더운 해였을까? 그것은 바로 그해 발생한 강한 엘니뇨 때문이었다. 당시의 엘니뇨는 과거 수십 년 전에 발생한 엘니뇨 중에서 가장 강한 것이었다. 2016년 초 내가 이 책을 쓰고 있는 지금도 유사한 강도의 엘니뇨가 진행 중이다. 이것이 2015년 온도 기록이 다른 해보다 월등히 높은 온도 차이를 보이는 것에 대한 설명이 된다.

4 엘니뇨에 대하여 더 자세히 알고 싶다면, 웹사이트(www.climate.gov/news-features/blogs/enso/what-el-niño-southern-oscillation-enso-nutshell)를 참조하라. 엘니뇨의 강도 차이에 대하여 알고 싶으면 웹사이트(www.climate.gov/news-features/understanding-climate/climate-variability-oceanic-niño-index)를 참조하라.

결론 : 지구 온난화는 멈추지 않았다. 1990년 이후로 지표면의 온도 상승 속도가 느려졌지만, 이런 속도 감소는 일시적인 현상이고, 더 많은 열이 해양과 극지방 빙하의 용융에 저장되었다. 따라서 향후에도 지표면의 온도 상승은 증가할 것이라고 예상한다. 그리고 만일 해양이 흡수하는 열의 양이 감소하게 되면 지표면의 온도 상승은 가속될 것이다.

Q 최근에 지구 온난화가 지연되지 않는다는 논문이 발표되었다. 이것은 새로운 정보인가?

2015년 《사이언스》에 발표된 논문(T. R. Karl et al., Science 348, no. 6242 [June 26, 2015])에서 최근 지표면의 실제 온도 상승은 〈그림 2.1〉에서 보여준 자료보다 더 높았다고 주장했다. 내가 이 책을 쓰고 있는 2016년 초에도 과학자들은 이런 주장이 옳은지에 대한 논쟁을 벌이고 있다. 나는 이 문제에 대한 전문가가 아니기에 뭐라 말할 수 없지만 동료 전문가와 나눈 토론을 바탕으로 말하면, 대부분의 과학자들은 지구 온난화의 증가 속도가 느려졌다고 생각한다. 하지만 이런 주장은 지구 온난화의 여러 증거를 무너트리지는 못한다. 만일 《사이언스》에 수록된 논문이 맞다면, 우리가 아는 것보다 더 빠르게 지구 온난화가 진행되고 있을 것이다.

지구 온난화는 이산화탄소 증가와 밀접한 관계가 있는가?

물론이다. 앞의 1장 1-2-3 논리에서 보았듯이, 지표면 온도 상승과 이산화탄소 농도 증가는 함께 가고 있다. 〈그림 2.4〉가 이 상황을 잘 보여준다.

'회의적 주장 1 : 지구는 예상만큼 덥지 않다'가 옳을 수도 있지 않을까?

수십 년 전에는 온도 측정의 불확실성 때문에 몇몇 과학자들은 지구 온난화에 반신반의했다. 그런 이유 때문에 과학자들은 온도 측정의 불확실성을 줄이려고 노력했다. 아직 완전한 합의에 도달하지는 못했지만, 대부분의 과학자들은 지구 온난화의 경향에 대해서는 더 이상 심각하게 논쟁을 하지 않는다. 사실 아직도 이런 지구 온난화의 일반적 경향에 대하여 문제를 제기하는 사람들이 몇몇 있기는 하지만, 이들은 영향력 있는 방송평론가, 정치인이며 지구 온난화는 단지 기만적인 내용이라고 주장하는 사람들이다. 하지만 지구 온난화의 증거들은 정확하고 믿을 만한 자료를 얻는 데 헌신한 수천 명의 과학자들에 의하여 얻어진 결과물이다. 만일 당신이 전 세계에 있는 수천 명의 과학자들이 어떤 엄청난 음모를 꾸미기 위해 함께 입을 맞춘 거라고 믿지 않는다면, 지구 온난화라는 사실에 대한 논리적 의심은 설 자리가 없게 될 것이다.

회의적 주장 2 : 지구는 더워지고 있다. 하지만 그것은 자연스런 현상이다.

앞서 설명했듯이 지구 온난화의 일반적인 추세에 대하여 심각한 논쟁은 없다. 다만, 몇몇 회의론자들—과학적 훈련을 받은 사람들도 포함된다—은 인간의 활동보다는 자연적 이유로 지구 온난화가 발생한다고 주장한다. 이제부터 지구 온난화가 인간의 활동이 아닌 자연적 요인이라는 증거가 있는지 살펴보자.

지구 온난화의 원인은 태양일까?

태양에서 방출되는 에너지는 매년 변한다. 태양이 방출하는 에너지 변화는 전체 에너지의 1%보다 적은 양이고, 이런 변화는 지구의 복사량에 작은 변화를 가져온다. 그리고 비록 적은 양의 태양 복사량 변화도 지구 기후에 변화를 줄 수 있다. 하지만, 나중에 간단히 설명하겠지만, 그런 복사량 변화가 과거 지구의 빙하기를 가져오는 방아쇠 역할을 한 것으로 추측하고 있다. 하지만 우리는 태양 복사량의 변화가 최근 지구 온난화의 원인이 되지 않는다는 확고한 증거를 가지고 있다. 〈그림 2.5〉의 그래프는, 1880년대 이후로 지구의 온도 변화 곡선(붉은색)과 지구에 도달하는 태양 에너지 양의 변화 곡선(파란색)을 비교하였다. 그림에서 보면 1950년대까지는 두 곡선이 적절한 수준에서 같은 경향을 보이다가, 그 이후에는 상반된 경향을 보이는 것을 알 수 있다. 따라서 태양 복사량의 감소 때문에 지구의 온도가 증가한다고 말할 수는 없다.

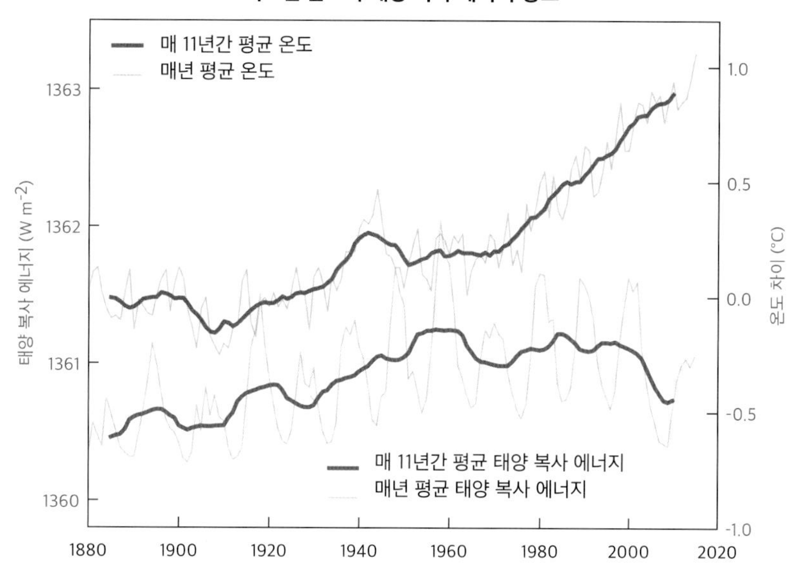

그림 2.5 이 그래프는 1880년 이후로 지구에 도달하는 태양 복사량과 지구의 평균 온도를 비교한 자료이다. 그래프에서 보듯이 최근의 태양 복사량은 지구의 온도 증가와 반대 방향의 경향을 보인다. 태양 복사량은 지구 온난화의 원인이 아니라는 것이 분명하다. 지구에 도달하는 태양 에너지 양은 전문적 용어로 '태양 복사량(solar irradiance)'이라고 하고, 단위는 단위 면적당 와트로 표시된다.

Q 〈그림 2.5〉의 곡선을 설명할 수 있는가?

〈그림 2.5〉의 그래프를 자세히 보면, 각각의 곡선은 두 개의 곡선으로 구성된다. 즉 두꺼운 곡선은 11년 동안 평균값의 곡선이고, 희미한 곡선은 매년 측정값이다. 먼저 붉은색의 온도 곡선부터 설명하자. 희미한 붉은색은 〈그림 2.1〉에 나타난 그래프와 동일하다. 하지만 〈그림 2.1〉에서는 막대그래프였고 여기서는 곡선으로 표시했다. 두꺼운 곡선은 소위 말하는 '이동 평균값' 그래프이다. 즉 매년 측정값보다는 몇 년간의 평균값을 보여주는 것이다. 여기서는 11년 동안의 평균값을 표시했는데, 이것은 기준 연도를 기점으로 앞과 뒤의 각 5년 값을 평균한 것이다. (이 경우에는 최근 연도의 다음 5년 값을 아직 측정하지 못했기 때문에 최근 값은 표시할 수 없다.)

파란색 곡선도 유사한 방식으로 표시하였다. 희미한 파란색은 매년 측정값이고, 진한 파란 색은 기준 연도의 앞과 뒤의 5년을 표시한 것이다. 한 가지 주목할 만한 내용은 지구에 도달하는 태양의 복사량은 최근에는 인공위성을 통하여 직접 측정을 하지만, 과거에는 태양 흑점 관찰을 통해 추정했다는 것이다. 하지만 태양 흑점 관찰에서 추정된 자료는 오랜 기간 신뢰성을 인정받았다. 왜냐하면 태양 흑점의 숫자는 태양 복사량과 상관관계가 일치했기 때문이다. 또 하나 미묘한 사실은 '왜 11년 평균값을 사용했는가?' 하는 점이다. 만일 당신이 희미한 파란색 곡선을 자세히 살펴본다면, 태양 흑점 숫자의 변동이 11년 주기라는 것을 알 수 있을 것이다. 따라서 11년 평균값을 취하는 것이 가장 '공평한' 방식으로 자료를 분석하는 것이다. 이렇게 하면, 효과적으로 태양 흑점의 변동 주기에 따른 변화를 없앨 수 있기 때문이다.

이상의 증거로 태양이 지구 온난화의 원인이 아니라는 것은 거의 확정적이다. 또한 지구 온난화의 원인으로 태양을 배제할 수 있는 다른 이유가 있다. 만일 태양이 지구 온난화의 원인이라면, 지구에 도달하는 증가된 태양 에너지는 지구 지표면의 온도뿐만 아니라 지구 전체 대기의 온도도 증가시켜야 한다. 하지만 이와 반대로, 온실 효과로 인하여 지표면과 대기권 하층부의 온도는 증가했는데 대기권 상층부[5](성층권, 지상 약 10~50km 사이의 지구 대기층)의 온도는 감소했다. 우리가 예측한 대로 온실 효과가 강해지면 대기 상층부의 온도는 감소한다. 만일 태양의 영향이라면 대기 상층부의 온도는 상승해야 한다.

몇 가지 추가적인 온난화 패턴 또한 태양이 아니라 온실 효과가 강해지고 있기 때문이라는 것을 뒷받침한다.[6] 예를 들면, 밤이 낮보다 온도 상승이 크고, 겨울이 여름보다 온도 상승이 큰 이유는 모두 온실 효과로 설명된다.

게다가 인공위성 관측 자료로부터 지구에서 우주로 방출되는 복사 에너지 중 이산화탄소에 의해서 특정한 파장의 복사 에너지가 감소되었다는 것을 알게 되었다. 이것은 온실 효과로 인해 이산화탄소에 의해 복사 에너

5 온실 효과로 인하여 대기권 상층부의 온도가 왜 감소하는지에 대한 정확한 이유는 매우 복잡한 문제이고, 이 책의 수준에서 벗어난다. 하지만, 온실 효과가 작동하여 어떻게 온도가 낮아지는 것인가에 대한 계산은 가능하다. 만일 이런 계산이 유효한지 궁금하다면, 그 증거로 금성을 살펴보라. 금성은 엄청난 온실 효과로 인하여 지표면의 온도가 매우 높고, 대기 상층부의 온도는 매우 낮다. 따라서 이 온도 분포로부터 우리의 계산이 유효하다고 할 수 있다.

6 만일 지구 온난화가 온실가스에서 오는 것이고 태양이나 또 다른 자연적 요인의 영향이 아니라는 것에 대한 확실한 지문을 확인하고 싶으면, 웹사이트(www.skepticalscience.com/its-not-us.htm)를 찾아보라.

지가 포집되었다는 것이다.

태양 말고도 자연적인 요인이 있을까?

앞서 설명했듯이, 지구 온난화 패턴은 인간의 활동에 따른 온실가스의 증가와 거의 일치한다. 하지만, 지구의 기후는 아직도 매우 복잡하고 인간뿐 아니라 자연적 요인에 의해서도 영향을 받는다. 따라서 다른 자연적 요인에 의하여 지구 온난화가 발생하는지에 대하여 살펴볼 가치는 있다. 과학자들이 이런 가능성을 조사하는 데 사용하는 가장 주된 방식은 우리가 '기후 모델'이라고 부르는 것이다.

과학적 모델은 비행기나 자동차 모델과 같이 우리가 일상에서 친숙하게 보는 실제 모습을 흉내내는 모조품이 아니다. 그와는 다르게, 과학적 모델은 법칙, 논리, 수학을 이용하여 자연의 작동 원리가 어떻게 진행되는지를

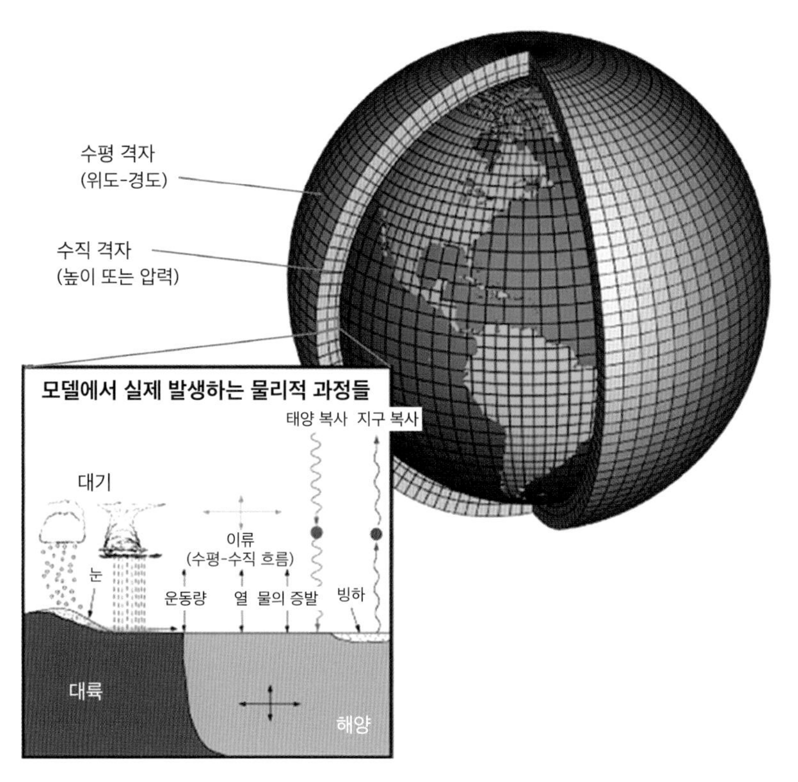

그림 2.6 이 그림은 기후 모델이 어떻게 작동하는지 보여준다. 컴퓨터 프로그램은 연결된 각 정육면체로 지구 기후를 묘사한다. 각각의 정육면체에 대하여, 과학자들은 '초기 조건'이라고 하는 자료들을 대입하고, 초기 조건을 변화시키는 물리적 과정을 나타내는 방정식을 사용하여 컴퓨터 프로그램을 작동시킨다.

서술하는 시도를 묘사하는 것으로, 종종 컴퓨터의 도움으로 발전한다. 이런 모델은 그것이 실제 현상과 얼마나 잘 들어맞는지에 의해서 그 유효성이 판명된다. 모델들은 대부분의 과학 영역에서 매우 중요하지만, 여기서는 지구 기후 모델에만 집중하자.

기후 모델에 숨겨진 원리는 매우 단순하다. 과학자들은 〈그림 2.6〉처럼 정육면체의 격자들로 구성된 컴퓨터 프로그램을 만드는데, 하나의 정육면체는 지구의 작은 한 부분으로서 대기권의 어떤 고도 범위를 포함한다. 모델의 '초기 조건'은 어떤 특정한 순간에 각각의 정육면체의 기후나 날씨의 수학적 묘사를 나타낸다. 이런 수학적 모델은 온도, 공기압, 바람의 속도와 방향, 그리고 습도 같은 자료를 모델에 적용한다. 기후 모델은 물리 방정식을 사용하는데(예를 들면 한 정육면체에서 다른 정육면체로 열이 어떻게 흐르는지에 관한 열전달 방정식), 이를 통하여 주어진 시간 동안(주로 한 시간 후에) 한 지역의 정육면체에서 조건들이 어떻게 변화하는지 예측한다. 그 다음에 변화된 새로운 조건을 사용하여 다시 한 시간 후에는 어떻게 변화할지 예측한다. 이런 방식으로 기후 모델은 오랜 시간 후의 기후 변화에 대한 모의실험을 할 수 있다.

몇십 년 전에는 〈그림 2.6〉에 있는 것보다 복잡하지 않은 단순한 기후 모델을 사용하였다. 하지만, 과학자들은 시행착오 방식을 통해 기후 모델을 더 발전시켰다. 시행착오 방식의 작동 원리는 이해하기가 쉽다. 만일 당신의 모델이 어떤 특정한 방식으로 실제 기후의 예측에서 벗어난다면, 이런 오차가 어디에서 오는지 찾아볼 것이다. 만일 당신이 중요한 물리 방정식 하나를 무시했거나, 좀 더 정확한 예측을 원한다면 정육면체의 크기를 보다 작게 잡아야 할 것이다. 만일 모델의 잘못된 점을 알아냈다면, 당신은 모델을 수정하고 수정된 모델의 개선된 결과를 볼 수 있을 것이다. 만일 수정된 모델이 잘 작동한다면, 당신은 자신이 올바른 길로 가고 있다고 확신할 것이고, 만일 수정된 모델의 결과가 나쁘면, 다시 모델의 문제점을 찾으려고 할 것이다.

오늘날의 기후 모델은 환상적으로 상세하며, 몇 세기 전의 과거 기후도 엄청난 정확도를 가지고 예측한다. 실제로 최근의 기후 모델은 잘 작동하기 때문에 과학자들은 모델을 가지고 '실험'을 한다. 이런 실험에서는 현재와 다른 조건이 발생하면 어떻게 기후가 변화될지 예측 실험을 한다. 〈그림 2.7〉은 바로 이런 예측 실험의 한 예이다. 〈그림 2.7〉의 붉은색 곡선은 지난 150년간 지구의 온도를 예측한 것인데, 이 모델에서는 태양의 복사에너지, 화산 폭발과 같은 자연적 요소와 화석 연료의 연소에 따른 이산화탄소 증가와 같은 인간의 활동을 모두 고려하여 예측한 기후이다. 이런 모델의 예측 온도가 실제 온도(검은색 곡선)와 거의 일치하고 있음에 주목하자. 한편, 인간의 활동을 고려하지 않은 모델은 파란색인데, 이 모델은 지난 몇십 년간 관찰된 지구 온난화와 일치하지 않음을 알 수 있다. 자연적 요소와 인간적 요소를 모두 고려한 모델이 실제 온도와 잘 일치한다는 사실은 최근의 지구 온난화는 인간적 요소가 더 크다는 확신을 갖게 한다.

Q 기후 변화 모델은 왜 여러 개인가?

지구의 기후를 정확하게 표현할 수 있는 모델은 불가능하다. 왜냐하면 기후 변

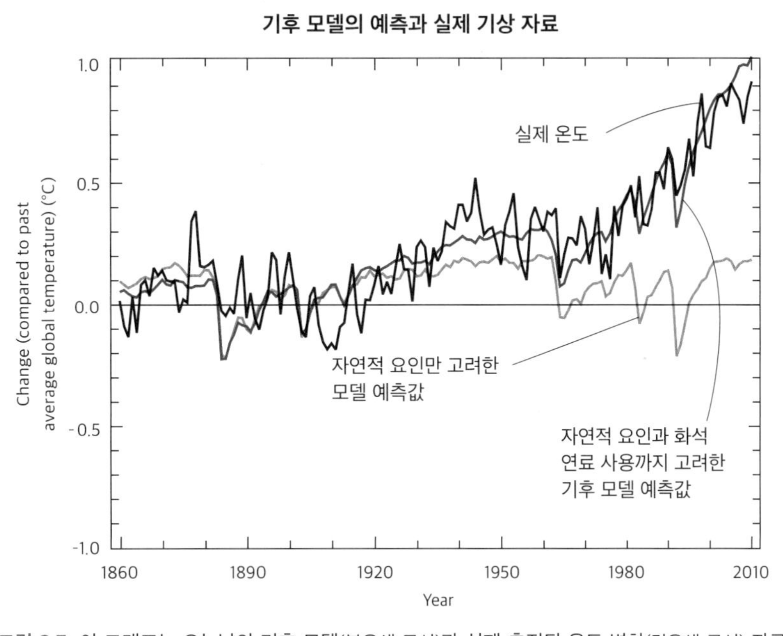

그림 2.7 이 그래프는 오늘날의 기후 모델(붉은색 곡선)과 실제 측정된 온도 변화(검은색 곡선) 자료가 매우 일치하고 있다는 것을 보여준다. 이울러 기후 변화에서 이산화탄소의 영향을 제외한 자연적 요소만 고려한 모델(파란색 곡선)이 명백히 잘못된 결과라는 것도 보여준다. 오늘날의 기후 모델은 매우 정확하며, 지구 온난화가 인간의 활동에 따른 이산화탄소의 증가 때문이라는 것을 증명한다.

화는 너무나 복잡한 현상이기 때문이다. 때문에 대략적인 묘사가 가능할 뿐이다. 과거 수십 년간 많은 연구 그룹들이 독자적으로 대략적인 기후 모델을 만들고 발전시켜 왔다. 처음에는 이런 사실이 말해주는 것이 단지 혼란스러운 연구처럼 보였지만, 다른 연구 모델에도 불구하고 각기 다른 연구 그룹의 연구 결과가 거의 일치한다는 사실은 지구 온난화에 대한 확신을 더욱 강하게 만들었다. 즉 만일 모든 기후 모델들이 기후에 영향을 주는 가장 중요한 요인을 고려한다면 같은 결과가 나온다는 것이다. 〈그림 2.7〉에서 보여준 기후 변화 모델 곡선은 각기 다른 연구 결과들의 평균값을 나타낸 것이다.

'회의적 주장 2 : 지구는 더워지고 있다. 하지만 그것은 자연스런 현상이다'는 어디까지 믿을 만한가?

지난 세기부터 지구가 더워지고 있다는 사실을 설명할 만한 자연적 요인은 알려진 것이 없다. 앞서 설명했듯이, 태양이 그 원인이 아니라는 것은 두 가지 사실에서 확인된다. 1) 지구의 온도가 상승하고 있음에도 불구하고, 지구에 도달하는 태양의 복사 에너지는 감소하고 있다. 2) 대기권의 상부는 점점 냉각되고 있고, 대기권 하부는 점점 더워지고 있다는 것은 바로 온실 효과의 영향이며, 태양 때문이 아니다. 대부분의 과학자들은 다른 자연적 요인을 찾고자 노력해 왔지만, 오늘날 현재의 기후와 잘 일치하는 가장 정교한 모델은 자연적 요인뿐만 아니라 바로 인간의 활동에 따른 이산화탄소 증가를 포함한 기후 모델들이다. 이런 기후 모델들이 실제 기후의 변동을 정확히 추적하고 있다는 사실에서 최근 지구 온난화의 가장 큰 요인은 바로 인간의 활동(화석 연료 연소)이라는 점을 다시 확신시켜 준다.

회의적 주장 3 : 지구는 더워지고 있다. 원인은 인간의 활동 때문이다. 하지만 걱정할 정도는 아니다.

기후 변화의 원인이 인간의 활동이라는 증거는 너무나 명백해서, 인간이 초래한 지구 온난화라는 의견에는 회의론자들 역시 동의한다. 하지만 2장의 시작에서 인용한 린젠의 언급처럼, 회의론자들의 공통적인 주장은 지구 온난화에 의하여 촉발되는 위험을 현재 우리가 너무 과장하고 있다는 것이다. 그들의 주장은 크게 세 가지이다.

1. 지구의 기후는 과거에도 크게 변했고, 우리는 그런 변화의 가운데 있는 것이다.
2. 향후 지구 온난화 정도는 모델이 예측하는 것보다는 훨씬 미미할 것이다.
3. 몇몇 회의론자는 지구 온난화는 심각한 문제가 아니라 우리에게 도움이 될 수도 있다고 한다.

회의적 주장 3, 1부 : 자연적인 기후 변동

지구의 기후가 오랜 기간 자연적으로 변화했다는 것은 분명한 사실이다. 회의론자들은 이런 사실을 두 가지 방식으로 강력하게 활용한다. 몇몇 사람들은 현재의 지구 온난화는 단순한 자연적 기후 변동 사이클의 한 부분이라고 한다. 하지만 앞서 살펴보았듯이, 자연적 요인만으로 최근의 지구 온난화를 완벽하게 설명할 수 없다. 좀 더 합리적인 논쟁거리는 과거의 기후 변화에서 우리가 아는 지식을 가지고 현재의 지구 온난화가 위험한지 아닌지를 판단하는 것이다.

지구는 많은 빙하기를 거쳤지만 인간하고는 상관이 없었다. 오늘날 지구 온난화는 자연적인 기후 변동과 뭐가 다른가?

지구는 과거에 빙하기와 간빙하기의 사이클을 가졌다. 게다가 이 과정에서 인간 활동의 요인은 없었다. 우리는 지난 80만 년 동안 지구의 평균 온도 변화를 극지방의 얼음 핵에서 측정한 이산화탄소의 농도를 가지고 연구했다. 대략적으로 얼음 핵 샘플에서 얻은 자료는 그 얼음층이 형성되는 시기

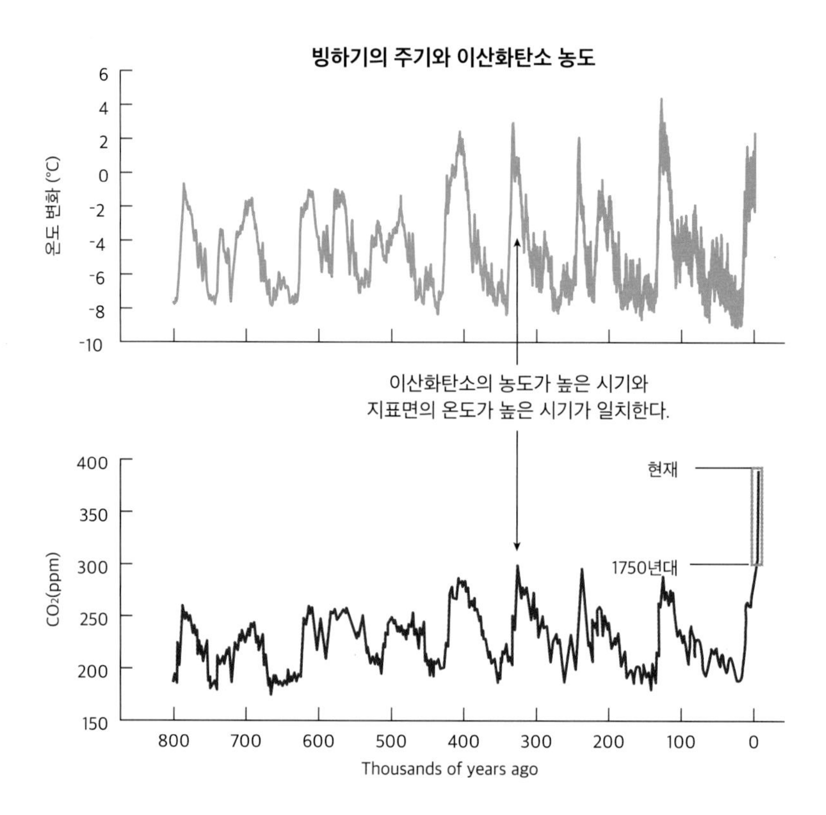

그림 2.8 이 그래프는 과거 80만 년간 이산화탄소 농도 변화와 지표면의 온도 변화를 보여준다. 그림에서 이산화탄소 농도 변화와 지표면 온도 변화의 밀접한 연관성에 주목하라. 1장에서 언급한 기본적 과학 사실 1-2-3과 일치한다.

의 온도를 정확하게 예측하는 데 적합하다는 사실에 대부분의 과학자들이 동의한다.[7]

〈그림 2.8〉은 얼음 핵에서 채취한 샘플을 바탕으로 예측한 지구 온도와 앞의 〈그림 1.10〉에서 보여준 이산화탄소 농도를 비교하였다. 그림에서 보듯이 과거 80만 년 동안 지구의 온도는 변화의 진폭이 컸다. 추운 기간은 빙하기를 나타내고 따뜻한 기간(간빙하기라고 한다)은 빙하기 사이에 찾아왔다. 그래프에서 보듯이, 따뜻한 시기는 이산화탄소의 농도가 높은 시기

7 더 분명하게 이야기하면, 온도 측정 자료는 방사성 동위 원소인 O2-18과 O2-16의 비율을 정확하게 측정함으로써 온도 자료를 교차 비교한다. 좀 더 상세한 분석 방식은 이 책의 범위를 벗어난다. 하지만 관심 있는 독자는 NASA 웹사이트를 참조하기 바란다. (earthobservatory.nasa.gov/Features/Paleoclimatology_IceCores/)

이고, 빙하기에는 이산화탄소 농도가 낮다는 것을 알 수 있다. 따라서 1장의 기본적 과학 사실 1-2-3이 옳다는 것을 다시 확인시켜 준다.

한편 회의론자들은 과거 기후의 자연적 변화를 지적하면서 인간의 활동으로 초래한 기후 변화에 대해서는 걱정할 것이 없다고 주장한다. 하지만 몇 가지 점을 고려해 보자.

- 현재의 온도는 과거 80만 년 동안 가장 높은 온도에 도달했다. 이산화탄소 농도 또한 과거 어떤 시기보다 40% 높은 농도이며 계속 증가하고 있다. 따라서 우리는 지구의 온도가 얼마나 높은 온도까지 상승할지 걱정을 하지 않을 수 없다.
- 비록 그래프에서 따뜻함과 차가움이 교대로 비교적 빠르게 전환되는 것처럼 보이지만, 이 자료는 80만 년간의 자료이다, 여기서 '비교적 빠르게' 변환한다는 것은 최소한 100년 이상을 의미한다. 한편 우리가 겪고 있는 온난화는 고작 몇십 년 동안에 발생한 것이다. 다시 앞의 1장으로 돌아가서 마거릿 대처 총리가 언급한 내용을 보면, 이런 변화는 "지구가 전에는 경험하지 못한" 변화이다.

이제 요약하면, 비록 기후는 자연적으로 변화하지만, 오늘날 우리는 이러한 기후 변화를 자연적이지 않은 속도로 변화시키고 있다는 뜻이다. 이런 상황을 알면서도 편안하게 생각하는 사람은 아무도 없을 것이다.

Q 빙하기와 간빙하기의 자연적 주기 원인은 무엇인가?

빙하기와 간빙하기가 일정하게 주기적인 변화 패턴을 보여주는 것은 태양과 지구와 달의 중력의 영향으로 발생하는 지구 회전축의 기울어지는 주기와 잘 일치한다. 이런 주기적 변화를 밀란코비치 주기Milankovich cycle라고 한다. 밀란코비치는 세르비아의 과학자로서 지구의 기후 변화를 연구한 사람이다. 여기서 한 가지 주목할 점은, 과거 지구의 주기적인 온도의 커다란 흔들림은 밀란코비치 주기라는 과학적 설명만으로는 충분하지 않다는 점이다. 오히려 밀란코비치 주기는 온도 변화를 증폭시키는 피드백 과정의 '방아쇠' 역할을 한 것이다.

빙하기 사이의 간빙하기가 어떻게 따뜻해지는지 생각해 보자. 밀란코비치 주기 때문에 약간 증가된 태양 복사 에너지는 지구의 대지와 해양을 약간 따뜻하게 할 것이다. 해양의 온도가 약간 올라가면 해양에 녹아 있던 이산화탄소가 대기로 방출되는 양이 약간 증가한다.[8] 추가로 증가된 이산화탄소는 지구 온난화를 증가시키고, 이로 인하여 온도가 증가되면 해양의 이산화탄소 방출은 또 다시 증가한다. 게다가 온도가 증가하면 해양에서 증발하는 수증기 양도 증가하는데 수증기 또한 온실가스이기 때문에 지구 온난화는 더욱 증폭된다. 요약하면, 밀란코비치 주기에 의하여 촉발된 작은 온도 상승이 지구 온난화를 가져오는 커다란 온도 상승으로 귀결되며, 이 과정은 증폭되는 피드백의 연쇄 반응 때문이다.

반대되는 현상은 밀린코비치 주기가 온도를 낮추는 경우이다. 밀란코비치 주기에 의하여 온도가 약간 낮아지는 현상이 발생하면, 해양은 좀 더 많은 이산화탄소를 대기로부터 흡수하여 물에 녹인다. 이런 상황이 되면 온실가스의 효과가 줄어들고 지구의 온도는 더 낮아진다. 따라서 해양에서 증발하는 수증기 양도 감소하기 때문에 온실가스 효과는 더욱 감소하고, 온도가 더욱 낮아지면서 지구는 빙하기에 접어들게 된다.

Q 빙하 중심부에서의 온도 변화는 이산화탄소 농도 변화에 선행한다고 들었다. 그렇다면 우리는 원인과 결과를 반대로 해석하는 것이 아닌가?

극지방 빙하 얼음 핵에서 측정된 온도 변화가 이산화탄소의 증가보다 먼저 발생했다는 이야기는 어떤 측면에서는 사실이다. 그렇지만 우리가 이해하고 있는 지구 온난화의 원인과 결과를 바꾸지는 못한다. 앞서 논의했듯이, 밀란코비치 주기에 의하여 지구의 기후에 작은 변화가 촉발된 후에 증가된 이산화탄소와 수증기 때문에 증폭되는 피드백이 진행되었다는 것은 변함없는 사실이다. 다른 말로 표현하면, 피드백 과정이란 밀란코비치 주기가 한 번 촉발되면서 온도가 약간 변

8 온도가 올라가면 물에 용해되는 기체의 양은 감소한다. 우리가 차가운 탄산 음료수 병과 따뜻한 탄산 음료수 병을 열었을 때 어떤 병에서 탄산 가스가 더 많이 나오는지 보면 알 수 있다. 궁극적으로 지구의 온도가 상승하면 해양은 좀 더 많은 이산화탄소를 대기에 방출할 것으로 예상되며, 이로 인하여 장기적으로 지구 온난화의 심각성은 더욱 커질 것이다.

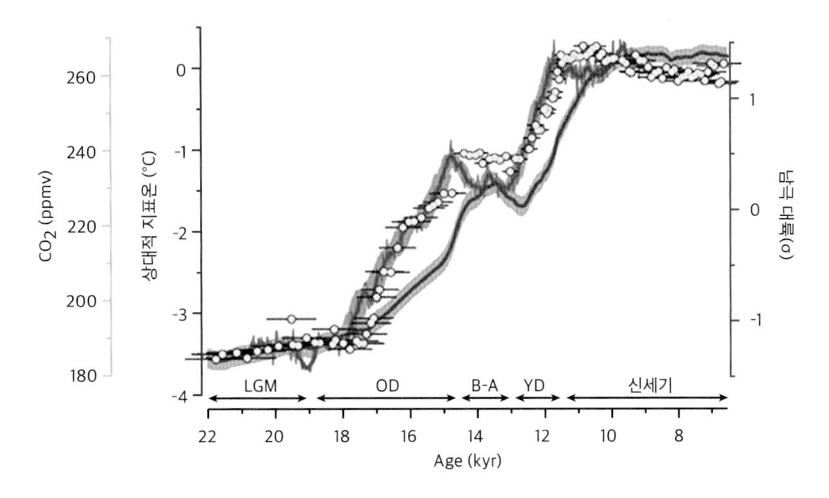

그림 2.9 이 그림은 2만 년 전 간빙하기가 시작될 때 이산화탄소 농도(노란색 점), 남극 온도(붉은색 곡선), 그리고 지구의 평균 온도(파란색 곡선)에 대한 자세한 관찰 결과이다(그래프 아래의 'kyr'은 '천년'을 의미한다). 비록 남극의 온도 변화가 이산화탄소의 온도 변화보다 약간 앞서서 나타나지만, 지구의 평균 온도는 그와는 다르게 나타난다는 점에 주목하라.

화하는데 이에 따라서 대기권에서 이산화탄소와 수증기 양의 변화가 함께 증가하거나 감소하게 된다는 것이다. 이것은 지구의 어느 장소에서나 어느 시기와 상관없이 하나가 변하면 다른 것이 변한다는 것이다.

지구 온난화의 원인과 영향에 대한 좀더 확실한 증거는 마지막 빙하기 끝의 자료를 자세히 살펴봄으로써 잘 이해할 수 있다. 자세한 내용은 이 책의 범위를 벗어나는 전문적인 내용이지만, 간단히 설명하면 다음과 같다. 남극 대륙의 빙하 핵에서 얻어진 자료를 보면, 온도의 변화가 이산화탄소 농도의 변화보다 약간 먼저 일어난다. 하지만 과학자들은 과거의 온도를 측정하는 다른 방법을 알고 있다. 즉 오래된 호수나 해양의 바닥을 뚫어서 퇴적물을 채취하는 방식이다. 이런 방식으로 과학자들은 지구의 여러 지역에서 과거의 온도를 측정할 수 있다. 이런 측정 작업은 남극 빙하의 얼음 핵 분석보다 어렵기는 하지만, 〈그림 2.9〉에서 보는 것처럼 마지막 빙하기의 끝자락 시점에서 지구의 온도 측정에 성공하였다. 노란색 점은 이산화탄소 농도를 나타내고, 붉은색 곡선은 남극 대륙의 온도를 나타낸다. 그리고 파란색 곡선은 지구의 여러 지역에서 측정한 평균 온도이다. 남극 대륙의 온도가 이산화탄소 농도의 변화보다 약간 먼저 일어나고 있지만, 지구의 평균 온도는 이산화탄소의 온도가 상승한 다음에 상승하는 것을 알 수 있다. 따라서 이산화탄소 농도와 온도가 반대 방향으로 진행되었다는 원인과 결과에 대한 논쟁을 완전히 잠재울 수 있게 되었다.[9]

중세 간빙하기 시기에 그린란드가 정말로 '그린'이었다면, 우리는 가까운 과거에 따뜻한 기후를 겪었다는 것을 의미하지 않는가?

여기에는 두 가지 의문점이 있다. 우선 첫 번째 문제부터 시작하자. 지금으로부터 1,000년 전에 바이킹이 그린란드의 해안가에 정착지를 조성했다는 것은 사실이다. 그 당시는 바로 중세의 간빙하기(대략 950년에서 1,250년 사이)이며, 당시에는 북극의 빙하가 녹아서 그린란드로 가는 항해가 상대적으로 쉬웠다. 하지만 그 당시에도 그린란드는 '그린'[10]은 아니었다. 실제로 대부분의 그린란드는 수천 년간 쌓인 얼음으로 뒤덮인 땅이었다. 바이킹은 해안가 몇 지역을 빼고는 정착하지 못했다.

두 번째 중요한 질문은 중세의 간빙하기가 현재의 지구 온난화와 연관이 있느냐는 것이다. 이에 대한 나의 답변은 '결코 아니다'는 것이다. 그 이유는 간단하다. 비록 중세에 간빙하기가 존재했다고 하더라도, 그 당시의 온난화는 지금의 온난화와는 비교가 되지 않는다. 〈그림 2.10〉은 다양한 연구 그룹에서 얻어진 온도 자료이다(각 연구 그룹은 다른 색으로 표시했다). 붉은색은 최근의 지구 온도이다.

비록 모든 연구 그룹의 과거 온도 예측 결과는 각기 다르지만, 그들의 연구 결과는 현재의 온도가 중세의 간빙하기 온도에 비하여 엄청나게 높다는 점에서는 일치한다.

사실상, 〈그림 2.10〉의 온도 자료는 북반구의 온도만 보여주었기 때문에 실제로는 더 큰 온도 차이가 나타날 수 있다. 왜냐하면 중세의 간빙하기는 좁은 지역에서 발생한 기후 변화로서 북대서양의 몇몇 지역에만 영향을

9 이산화탄소 농도의 상승과 지구의 평균 온도 상승 간 약간의 시차는 해양 순환의 복잡성 때문이라고 여겨진다. 자세한 내용은 www.skepticalscience.com/skakun-co2-temp-lag.html을 찾아보라.

10 역사학자들에 의하면, '그린란드'는 홍보 술책이었다는 것이다. 즉 '붉은 에릭(Erick the Red)'이라는 바이킹이 다른 사람들을 그곳으로 이주하도록 꾸며낸 술책이었다는 것이다.

북반구의 과거 온도 재현

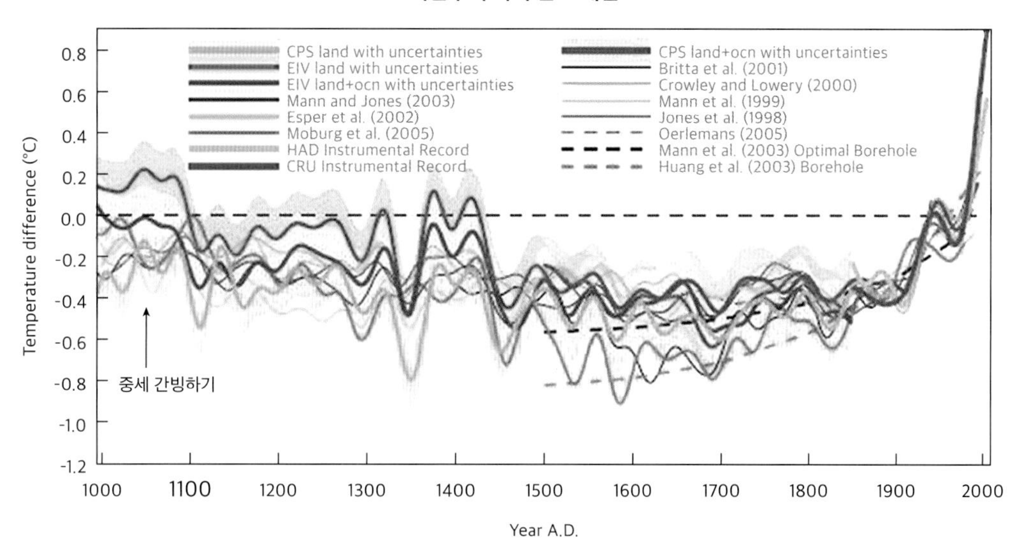

그림 2.10 이 그래프는 12개 이상의 다른 연구 그룹의 지표면 온도 자료이다. 이 그래프가 보여주는 기본적인 결과는 최근 지구의 온도가 중세 간빙하기의 온도보다 엄청나게 높다는 것이다. 이 그래프는 '하키 스틱'이라는 별명을 갖고 있는데, 그래프의 맨 오른쪽 모양이 마치 하키 스틱을 바닥에 대고 있는 모습처럼 보이기 때문이다.

주었고 지구 전체의 온난화를 가져온 것은 아니었기 때문이다. 다시 말하면, 바이킹이 그린란드 해안가에 정착지를 만들 수 있었던 것은 매우 지역적인 기후 변화 때문이었다. 하지만, 오늘날의 지구 온난화는 지역적인 기후 변화가 아니라 전 지구적으로 나타나는 기후 변화이다.

Q 하키 스틱 모양으로 온도 그래프가 형성되었다는 사실이 믿을 수 없다는 이야기는 못 들었는가?

아마도 당신은 이런 주장을 들은 적이 있을 것이다. 왜냐하면 《월스트리트 저널》에서 이 문제를 반복적으로 언급했기 때문이다. 하지만 이것은 사실이 아니다. '하키 스틱'이라는 용어는 1998년 기후 과학자 마이클 E. 만Michael E.Mann이 처음으로 주장했다. 그는 이 이론에서 단지 한 가지 온도 자료만 사용했다. 회의론자들은 자료의 부족을 이유로 왜 이 이론이 의심스러운지에 대한 여러 가지 추론을 주장했다. 과학자들은 회의론자들의 주장을 심각하게 받아들였다. 그들은 자료를 다시 세심하게 검토하였다. 그림에서 보다시피, 각기 다른 연구 결과는 나이테, 산호초, 석순, 빙하 핵 등에서 얻은 자료에서 예측한 것들이다. 따라서 과학자들은 만의 하키 스틱 이론을 옹호하거나 반박하기 위해서 위의 다양한 자료들을 가지고 지루한 논쟁을 벌였다. 〈그림 2.10〉의 온도 자료는 수많은 과학자들이 극지방이나 험지를 다니면서 모험을 감수하고 일생을 바쳐서 자연에서 얻은 자료들이다. 이 그래프에서 보듯이 모든 추가적인 온도 자료는 만의 이론을 확인한 것이다. 이런 명백한 자료에도 불구하고 회의론자들은 이 결론에 끝까지 반대하면서 의회로 하여금 만의 결론에 대한 추가적인 조사를 전미연구평의회(NRC)에서 수행하도록 압력을 넣었다. 2006년에 발표된 NRC의 최종 보고서는 그래프의 자료들이 옳다고 결론지었다. 게다가 추가적인 연구 조사를 통하여 하키 스틱 이론이 옳다는 강력한 확신을 더해 주었다. 그것은 지난 1,000년 동안 지구의 온도에 어떤 변화가 있었는지를 정확히 알려주었다. 만일 당신이 이 주제에 대하여 더욱 자세히 알고 싶으면, NRC의 보고서(www.nap.edu/catalog/11676/surface-temperature-reconstruction-for-the-last-2000-years) 또는 만의 저서(『The Hockey Stick and the Climate Wars』, 컬럼비아 대학교 출판부, 2012)를 참조하라.

80만 년 전에는 이산화탄소와 지표면 온도가 오늘날보다 매우 높았다고 들었다. 이 점에 대해 어떻게 생각하는가?

과거의 기후가 어떠했는지 알아내는 것은 매우 어려운 일이지만, 지난 80만 년 전보다 더욱 오래전의 지구는 지금보다 더 높은 온도를 보인 시기(물론 가장 추운 시기도 있었다)가 있었다는 증거가 있다. 예를 들면, 공룡이 살던 시기에는 지구의 온도가 지금보다 더 높았다는 증거가 있고, 이산화탄소 농도는 1,000ppm 이상이었을 것이다. 이런 이산화탄소의 농도는 지금의 400ppm보다 2배 이상 높은 수치이다. 하지만 이런 사실이 우리를 안도하게 만들지는 못한다. 이런 사실에서 나는 오히려 불편함을 느낀다. 왜냐하면 현재의 지구 온난화는 과학자들이 일반적으로 예상하는 것보다 매우 파괴적이 될 수 있기 때문이다.

이제 공룡 시대 지구의 온도가 높았다는 사실이 의미하는 바를 살펴보자. 〈그림 2.11〉에서 보듯이 그 당시 지구의 온도가 높아서 북극이나 남극

그림 2.11 이 그림은 7천만 년 전 지구의 남극 모습을 묘사한 것이다. 이 시기에는 지구의 온도가 높아서 남극에는 빙하가 없었고, 이산화탄소의 농도는 1,000ppm 이상이었을 것이다.

에는 얼음이 없었다. 즉 기온이 높아서 남극과 북극의 얼음이 모두 녹았을 것이다. 만일 이런 일이 발생했다면, 지구상의 해안가 도시들의 해수면은 높아졌을 것이다. 그러면 미국의 플로리다주, 텍사스주 그리고 낮은 해수면에 있는 도시들은 바다에 잠겼을 것이다. (실제로 공룡 시대에 해수면은 지금보다 60m 이상 높았다.)

공룡 시대의 이산화탄소 농도에 대하여 나는 두 가지를 지적하고 싶다. 첫째로, 당신은 회의론자들이 주장하는 이런 내용을 들었을 것이다. 즉 이산화탄소 농도가 지금보다 훨씬 높았던 시기에도 생물들이 번창한 것을 보면, 인간 또한 그런 조건에서 아무 문제없이 생존할 것이라는 주장이다. 하지만, 이런 상황은 단지 그 시기에 살던 종들 중에서 적응이 잘된 종만 번성했다는 것을 의미할 뿐이다. 때문에 오늘날의 인간과 동물, 식물 또한 유사한 방식으로 적응하여 살 수 있다고 자신할 수 있는 근거는 없다. 왜냐하면 오늘날 종들은 최근의 이산화탄소 농도에 잘 적응하여 살아왔기 때문이다. 따라서 이산화탄소의 농도가 급격히 상승하면 오늘날의 생태계에 큰 피해를 줄 것이다. 둘째로, 이산화탄소의 농도가 1,000ppm이라는 수치는 오늘날의 수치인 400ppm보다 매우 높아 보이지만, 〈그림 1.10〉에서 보여준 이산화탄소 농도의 상승 속도를 고려하면, 수백 년 후에는 이 농도를 능가할 수 있다. 이제 다시 한 번 영국 총리 마거릿 대처의 연설을 생각해 보자. "지구에서 이산화탄소 농도의 증가는 전례가 없을 정도로 빠른 속도이며, 이것은 지구에게는 매우 새로운 경험이다."

회의적 주장 3, 2부 : 모델의 신뢰성

지구 온난화의 두려움은 과장된 것이라고 하는 주장과 관계있는 주장은 다음과 같다. 현재의 기후 모델은 이산화탄소의 농도에 대한 기후 변화를 너무 예민하게 반응하도록(기후 민감도) 프로그램 되어 있어서 미래의 온난

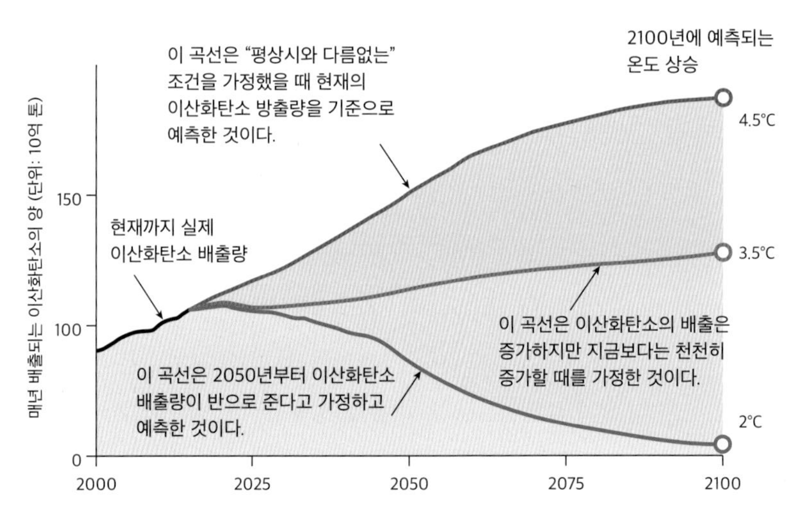

그림 2.12 세 개의 곡선은 인간이 2100년까지 배출하는 이산화탄소 배출량을 바탕으로 각기 다른 시나리오에 따른 모델들의 미래 온도 예측을 나타낸 것이다. "평상시와 다름없는" 조건에서 지구의 평균 온도는 2100년에 4.5°C 증가할 것이다. 중간에 있는 곡선은 현재 수준에서 이산화탄소의 배출이 유지될 때이다. 만일 우리가 2050년까지 현재의 이산화탄소 배출량을 지금의 반으로 줄이고, 2100년까지 더 많이 줄인다고 가정하는 '가장 낙관적인 조건'에서도 지구의 온도는 2100년에 2°C 상승한다.

화에 대하여 과장되게 예측을 한다는 것이다. 예를 들면, 대부분의 모델은 "평상시와 다름없는(business as usual)" 조건하에서 예측을 한다. 이런 시나리오에서 모델은 이번 세기가 끝나는 시점에서 지구의 온도는 4~5°C 상승할 것으로 예상을 한다. (〈그림 2.12〉) 하지만 어떤 회의론자들은 아무리 비관적으로 예측을 해도 2°C 이상은 오르지 않는다고 주장을 한다. 핵심적인 내용은 현재의 기후 모델이 기후의 민감도를 과장하기 때문이라는 주장이다. 그들의 주장은 기후 모델에는 미래의 지구 온난화를 완화시키는 요인을 포함하지 않았기 때문이라는 것이다.

회의론자의 이런 주장은 옳은 걸까? 첫 번째로, 모든 과학자들은 기후 모델을 예측하는 것은 어렵다고 말한다. "예측은 어렵고, 특히 미래에 대한 예측은 더욱 어렵다." 하지만 어려운 것과 불가능한 것은 다르다. 앞서 보았듯이 최근의 세련된 기후 모델은 오늘날의 기후를 예측하는 일을 잘 하고 있다. (〈그림 2.7〉에서 보듯이 모델의 예측 온도와 실제 온도가 잘 일치하고 있다.) 따라서 우리는 이 모델들이 미래에 발생하는 기후에 대하여 적당히 신뢰할 만한 예측을 하고 있다고 확신할 수 있다.

앞에서 언급한 '적당히 신뢰할 만한'이라는 용어를 선택한 점을 주목하라. 회의론자들은 모델의 적합성에 대한 이런 솔직한 평가에 대하여 과도하게 발목을 잡기 때문에, 특히 미래의 지구 온난화의 충격을 예측할 때 우리는 모델을 절대적으로 신뢰하지는 않는다고 주장하는 것이 바람직하다. 하지만 그렇다고 어려운 일이 불가능한 일이라는 것은 절대 아니다. 모델들이 목표점에서 많이 벗어났다는 것이 증명될 수도 있다. 하지만 현재의 기후에 대하여 그 모델들이 얼마나 잘 작동하고 있는지를 기억해야 한다. 현재 회의론자들이 주장하는 기후 모델의 문제점에 대하여 좀 더 자세히 살펴보고, 왜 대다수의 과학자들이 회의론자들의 주장을 확신하지 않는지를 살펴보자.

오늘날 날씨 모델은 며칠 후의 날씨도 정확히 예측하지 못하는데, 수십 년 후의 지구 온난화를 어떻게 예측할 수 있을까?

이런 질문은 신문, 방송에서 자주 언급되는 내용이다. 하지만 이것은 '날씨'와 '기후'의 본질에 대한 오해에서 비롯된다. 이 두 가지 용어는 전혀 다른 의미를 가지고 있다.

- 날씨는 매일 변하는 바람, 구름, 온도, 그리고 압력의 결합이며, 이것은 하루하루가 전날보다 춥거나, 따뜻하거나, 맑은 날이거나, 흐린 날을 결정한다.
- 기후는 몇 년간 날씨의 평균값이다. 예를 들면, 사막은 건조한 기후라고 한다. 비록 종종 비가 오거나 눈이 내린다 해도.

장기간의 평균 날씨를 예측하는 것은 단기간의 평균 날씨를 예측하는 것보다 쉬운 일이다. 예를 들면, 1,000명의 사람들이 카지노에 도박을 하러 간다고 하면, 그들 중에 누가 돈을 따고, 누가 돈을 잃을지 예측하기는 어렵다. 그러나 평균적으로 보면 따는 사람보다 잃는 사람이 많다는 것을 알 수 있다. 또한 그것이 카지노가 돈을 버는 방식이라는 것을 알 수 있다. 유사한 비유로, 우리는 흡연자 중에서 누가 폐암에 걸릴지는 모른다. 하지만 평균적으로 볼 때 폐암 환자 중에는 흡연자가 비흡연자보다 많다는 것을 안다. 이런 상황은 날씨와 기후에도 똑같다. 장기간의 평균 날씨를 예측하는 것이 단기간의 변화무쌍한 날씨를 예측하는 것보다 쉽다.

다른 말로 표현하면, 우리가 날씨를 예측하는 것이 어렵다는 것은 기후를 예측하는 것이 가능한지 아닌지를 고려하는 데 있어서는 '전혀 의미가 없다'는 뜻이다. 오늘날 세련된 기후 모델이 현재 기후를 예측하는 데 탁월한 역할을 하고 있기 때문에, 그런 확신으로 미래 기후도 비슷하게 잘 예측할 수 있다고 예상할 수 있다. 따라서 이 사실은 우리가 기후를 예측할 수 있다는 증거가 된다.

내가 오늘날의 기후 모델이 현재의 기후를 예측하는 일을 잘 하고 있다고 말하는 것이 단지 평균 온도만을 잘 예측하는 것이 아니라는 점에 주목하라. 오늘날 기후 모델은 지역적인 기후 예측도 잘 하고, 지역적인 예측 또한 실제 기후와 잘 들어맞는다. 예를 들면, 다음 장에서 자세히 논의하겠지만, 캘리포니아주에서 가뭄이 증가하고, 미국 동부 해안 지역에 폭풍 피해가 증가하고, 아시아의 몇몇 지역에 해수 침수가 발생할 것이라고 하는 것처럼, 여러 지역의 지역적인 기후 예측을 해 왔다. 기후 모델이 우리에게 보여준 이런 혜안을 무시하는 것은 상식에 벗어나는 일이다.

모델들은 어쩌면 지구 온난화를 완화시키는 중요한 요인을 빠트리고 있을지 모른다. 예를 들면, 구름의 영향은 어떨까?

구름은 매우 복잡한 현상이며, 기후에 대한 구름의 영향을 완전하게 밝혀내지는 못했다. 이런 사실 때문에 회의론자들은 다음과 같은 논쟁거리를 찾았다. 지구 온난화는 지구의 기온이 점점 올라간다는 것이고, 이렇게 기온이 올라가면 해양에서 증발되는 수증기의 양이 증가하게 되고, 이것은 더욱 많은 구름을 만들게 된다. 하지만 구름은 햇빛을 반사하기 때문에 지구 온난화는 멈춰진다. 다른 말로 표현하면, 구름이 '음성 피드백' 역할을 함으로써 지구가 더워지는 것을 방지하는 역할을 한다는 주장이다.

이 주장은 두 가지의 다른 효과를 무시하는 문제를 가지고 있다. 첫 번째로, 해양에서의 추가적인 수증기 증발은 구름의 생성을 증가시키지만, 또한 대기권에도 수증기의 양을 증가시킨다. 앞서 논의했듯이, 수증기는 이산화탄소 농도를 증가시키는 증폭 역할을 한다는 것을 기억하라. 구름이 지구의 온도를 떨어뜨리는 효과와 수증기가 지구의 온도를 상승시키는 효과에 대한 타당한 논쟁이 있었지만, 오랜 시간이 경과하면 수증기의 증폭 효과가 더욱 분명할 것이라는 사실에 대해서는 의심의 여지가 없었다. 게다가 비록 짧은 기간일지라도(몇 년 단위) 구름이 지구를 냉각시키기보다는 온도를 올리는 데 기여할 것이라는 것이 현재의 구름 물리학 이론의 결론이다.

두 번째, 구름은 우리가 다루는 주제의 유일한 영역이 아니다. 정말 중요한 것은 지구의 전체 반사율이다. 만일 지구의 반사율이 증가한다면 지구는 냉각될 것이고, 반사율이 감소한다면 지구는 더워질 것이다. 구름이 지구의 반사율에 어느 정도 기여하지만, 지구 표면 또한 중요한 요인이다.

지구 온난화는 지구 표면의 반사율을 감소시킨다. 지구 표면의 반사율이 감소하면 지구는 더워진다. 지구 표면의 반사율이 감소하는 주요 요인은 바로 극지방 빙하의 용융이다. 극지방의 빙하는 바닷물이나 지표면보다 반사율이 높기 때문이다. 예를 들면, 북극해는 매년 빙하가 점점 줄어드는 바다가 되었다. 때문에 북극해의 태양 빛 반사율은 과거보다 줄어들었고, 이는 지구 온난화를 가속화한다.

대부분의 기후 과학자들은 수증기가 증가하고, 빙하의 양이 줄어들어서 발생하는 지구의 온도 상승 효과가 증가된 구름에 의한 냉각 효과를 완전히 압도할 것이라고 믿지는 않는다. 그래서 당신은 종종 이런 논쟁을 언론에서 다루는 것을 볼 것이다. 하지만 구름이 우리의 지구 온난화 문제를 완화할 것이라는 주장은 근거가 빈약하다는 것을 인식하기 바란다.

기후의 복잡성과 모델의 불확실성을 고려하면, 지구 온난화를 완화시키는 다른 종류의 피드백을 생각하는 것은 합리적이지 않은가?

현재의 기후 모델이 미래의 지구 온난화를 완화시키는(또는 지구 온난화를 증폭시키는) 다른 요인들을 놓치고 있을 수 있다는 점은 이해할 만하다. 비록 그런 지구 온난화 완화 요인이 존재한다고 해도, 그런 요인들은 또 다른 이상한 성질을 가지고 있을 것이다. 왜냐하면, 그런 요인들이 현재의 기후 모델에서 고려되고 있지 않다는 것은 그런 요인들이 그다지 중요한 요인이 되지 않기 때문이다. 만일 그것들이 중요한 요인임에도 기후 모델에서 누락되었다면 현재 모델에서 큰 오류를 가져와야 하지만, 실제로 그렇지는 않다. 물론 우리는 그러한 요인들이 존재할 가능성을 완전히 배제할 수는 없다. 하지만 이런 요인들을 포함하면 기후 모델은 엉망이 될지 모른다. 이런 이유 때문에 대부분의 기후 과학자들은 회의론자들의 주장에 의심을 가지고 있으며, 그들은 기후 모델이 예측하는 대로 지구 온난화가 점점 심해지고 있다는 결론을 내린다.

만일 이 모델들을 신뢰하지 않으면 무슨 일이 벌어질까?

만일 당신이 내가 앞서 설명한 기후 모델들이 완벽하지 않기 때문에 기후 모델의 예측에서 얻은 증거들을 모두 무시하고 회의론자들의 주장에 동조한다고 할지라도, 우리는 그들을 신뢰해서는 안 된다. 왜냐하면 그들의 주장은 과학적이기 않기 때문이다. 잠시 살펴보자.

당신이 기후 모델을 믿거나 말거나, 당신은 미래의 지구 온난화에 대하여 어떤 것이든 결정을 내려야 한다. 만일 당신이 기후 모델을 고려하고 싶지 않다면, 실제 자료를 기반으로 결정을 해야 한다. 이제 실제 자료들이 우리에게 무엇을 말하는지 살펴보자. 〈그림 2.8〉로 되돌아가 보자. 당신은 과거에 지표면 온도와 이산화탄소 농도가 함께 어떻게 변했는지 볼 수 있었다.

- 지난 80만 년 동안 이산화탄소의 농도가 크게 출렁인 범위는 180ppm에서 290ppm이었고, 현재는 이산화탄소 농도가 60% 정도 증가했다.
- 전보다 약 60% 정도 증가된 이산화탄소 농도는 약 8°C에서 10°C 정도 지표면 온도 상승을 동반하였다.

이렇게 과거 기후 변화 자료는 이산화탄소의 농도가 60% 정도 상승하면 지구 표면의 온도가 8°C 이상 증가한다는 사실을 보여준다. 이런 엄청난 기온 상승은 이번 세기 말에 모델들이 예상하는 온난화보다 훨씬 더 큰 기온 상승이다. 다시 말하면, 과거의 실제 자료에서 얻어진 기후 변화 예측값은 기후 모델이 예측하는 것보다 더 심각한 지구 온난화를 보여주고 있다.

기초 과학에 바탕을 두고 예측한 지표면 온도가 예상만큼 오르지 않을 가능성에 대해서는 어디까지 믿을 수 있을까?

우리가 지금까지 보아왔듯이, 만일 당신이 지구 온난화의 끔직한 예상으로부터 지구 온난화를 완화하여 우리를 '구원해 줄 요인'을 찾고 있다면, 내 답은 '그런 요인은 없다'는 것이다. 그리고 현재 모델들이 보이는 성공적인 예측으로 미루어 볼 때, 그런 완화 요인은 존재할 것 같지 않다. 비록 현재의 기후 모델이 완전하다고 할 수는 없지만, 그래도 지구 온난화의 위험을 피할 수는 없다.

회의적 주장 3, 3부 : 지구 온난화는 위험보다 이득을 가져온다.

지구 온난화의 현실을 부정할 만한 것들이 몇 가지 있기 때문에 일부 회의론자들은 지구 온난화가 '우리에게 좋은 일'이라고 주장한다. 그래서 우리가 대비할 것은 없다고 말한다. 이런 주장은 결과에 대한 확신 없이 우리 지구를 '실험'하고 있는 그들의 핵심적인 주장을 보여주는 것이기 때문에 주목할 만하다. 또한 당신은 이런 관점을 가지고 있는 사람들이 레이건 대통령이나 대처 총리를 열렬히 지지하는 보수주의자라는 것을 알게 되면 놀랄 것이다. 하지만 그들은 레이건이 언급한 환경 보호의 상식적인 내용에 반대하는 것이며, 대처 총리가 이야기한 "우리 지구의 환경 변화 속도가 위험하고 무서운 방식이다"라는 경고를 무시하는 것이다. 이제 지구 온난화가 우리에게 유리한 것이라는 회의론자들의 주장을 검토해보자.

증가된 이산화탄소는 농업과 식물 성장에 도움이 되는 것 아닌가?

지구 온난화에서 언급되는 '우리에게 유리한 것'은 증가된 이산화탄소 농도가 식물의 성장을 증가시킬 것이기 때문에 농업에 도움이 된다는 것이다. 앞서 언급했듯이, 회의론자들은 이런 주장을 가지고 공룡이 번성하던 시기를 이야기한다. 공룡이 번성하던 시기는 지금보다 이산화탄소 농도가 매우 높았기 때문이다. 하지만 우리는 이런 논쟁이 사실에서 얼마나 동떨어진 것인지 안다. 식물과 동물은 오랜 기간 자신을 둘러싼 환경에 적응해왔다. 공룡 시대에 번성했던 종들은 그 당시의 높은 이산화탄소 농도에 수백만 년 동안 적응해온 결과이다. 마찬가지로 현재의 종들은 오늘날의 환경 조건에 적응해왔다.

회의론자들은 또한 콩이나 쌀과 같은 곡물을 높은 이산화탄소 농도 조건에서 재배하는 소규모의 제한된 실험 결과를 가지고 그런 주장을 한다. 하지만 그들은 더욱 중요한 점인 '전체적인' 생태계에 미치는 영향에 대해서는 무시하고 있다. 식물과 동물은 자신들의 지역적 기후에 적응을 한다. 만일 지역적 기후가 천천히 변하면, 그들은 그런 기후에 적응을 하거나 살기 위해서 다른 지역으로 이동하게 될 것이다. 그런데 만일 지역적 기후 변화가 종들이 적응하거나 이동하는 것보다 빠르게 변한다면, 종들은 멸종하거나 다른 종이 그 자리를 대체하게 될 것이다. 오늘날 우리가 겪는 빠른 기후 변화의 속도는 지구상의 모든 동식물 분포에 큰 변화를 가져올 것으로 보이며, 이것은 오늘날의 경제를 받치고 있는 생태계에 큰 변화가 일어난다는 것을 의미한다. 이런 기후 변화가 우리에게 유리한 것을 가져올 것이라는 작은 희망도 있지만, 대부분의 과학자들은 이런 기후 변화는 우리에게 치명적이라고 예견한다. 기후 변화가 나중에는 결국 인류에게 유용한 것이라는 작은 희망을 계속 고집한다면, 당신은 대범한 도박가임에 틀림없다.

북극 빙하가 녹는 것은 북극해의 해상 통로를 열어 준다는 점에서 좋은 일이 아닌가?

북극해의 빙하가 녹게 되면 바다의 기름, 가스, 광물과 같은 자원을 채굴하는 데 접근성이 좋아지고 더 빨리 도착할 수 있는 항로도 많아지게 된다. 그것만 보면 세계 경제에 도움이 되는 일이다. 하지만, '그것만 보면'처럼 독립적으로 일어나는 것이 세상에 없다. 반대로, 바다의 얼음이 적어지는 결과는 두 가지 이유에서 치명적이다.

첫째로 앞서 보았듯이, 얼음이 물보다 태양 빛 반사율이 높기 때문에 북극해의 얼음이 녹으면, 지구는 증가된 바닷물 때문에 좀 더 많은 태양 빛을 흡수하고 지구 온난화의 영향을 가속화시킨다. 둘째로, 북극해의 얼음 분포는 지역적으로, 그리고 지구의 날씨 패턴에 큰 영향을 주고 있다. 따라서 북극해의 얼음이 녹으면, 대기의 순환과 지역적 기후에 큰 변화를 줄 것으로 예상된다. 이미 몇몇 과학자들이 예견했듯이, 비록 매우 복잡한 상호 관계가 연결되어 있지만, 북극해에서 '여름'에 얼음의 양이 감소하면, '겨울'에 날씨가 매우 춥다는 것이다. 이것은 최근 몇 년간 미국과 유럽이 겪고 있는 날씨이다. 이런 특별한 연관 관계가 맞는 것인지에 대해서 과학자들간에 논쟁이 있지만, 북극 얼음의 양이 변화하면서 엄청난 날씨 변화가 올 수 있다는 것이다.

북극 얼음이 녹는 것은 지구에서는 전혀 겪어보지 못한 '실험'이다. 만일 이런 실험이 우리에게 불리하기보다는 유리한 것이라는 희망이 작을 경우에는, 이런 실험을 하는 것은 정말 위험한 것이다.

회의론자의 주장에 대해 어느 정도 신뢰할 수 있는가?

몇십 년 전에, 몇몇 회의론자들은 지구 온난화는 사실이 아니라고 주장했다. 하지만 지구 온난화에 대한 증거들이 쌓이게 되면서 그들은 지구 온난화는 인간의 활동이 원인이 아니라 자연적인 변화라고 주장했다. 이제 와서는 인간의 활동이 원인이라는 사실에 대한 합리적인 토론이 어려워지자, 지구 온난화는 그렇게 끔직한 결과를 가져오지는 않는다거나, 오히려 우리에게 이익이 된다고 주장한다. 어떤 경우이든, 그들은 명백한 과학적 사실을 논쟁거리로 만들어왔다. 그리고 세심하게 증거를 살펴본 대부분의 과학자들은 그들의 주장을 믿지 않는다. 실제로 많이 보고된 내용이지만, 지구 기후 연구에 평생을 바치고 있는 과학자의 97%가 지구 온난화에 대한 '합의'된 관점을 가지고 있고, 회의론자의 주장에 반대하고 있다.[11]

이런 사실에 대하여, 회의론자들은 과학은 민주주의가 아니고, 과학적 사실은 투표를 통하여 바뀌는 것은 아니라고 주장한다. 만일 당신이 과학자가 아니라고 해도, 당신은 어느 쪽 주장이 신뢰가 가는지 결정해야 한다. 만일 당신이 100명의 의사에게 진료를 받으러 갔다고 가정을 하자. 그런데 97명의 의사가 말하기를 "당신은 당분 섭취를 줄여야 한다"라고 말했다고 하자. 그리고 나머지 3명의 의사는 "당분은 당신 건강에 좋아요"라고 말했다면, 당신은 어떤 주장을 믿을 것인가? 당신이 자기 자신의 건강을 위해서 질문에 답변을 하는 것은 지구 온난화의 잠재적 위험에 관하여 믿는지

11 여러 종류의 설문을 통해서 97%라는 값을 얻었다. 이 결과는 www.skepticalscience.com/global-warming-scientific-consensus-advanced.htm과 J. Cook의 논문(J. Cook et al,. Environ. Res. Lett. 11, no. 4, 2016)에서 찾아볼 수 있다.

혹은 믿지 않은지에 대한 질문에 답하는 것과 같은 것이다.

회의적 주장 4 : 지구는 인간의 활동으로 더워지고 있고, 지구 온난화의 영향은 해롭다는 사실은 알고 있다. 하지만 그 해결책을 위한 방안은 비용이 너무 많이 든다.

우리는 지금까지 과학적 사실과 연관된 회의론자의 대표적인 주장을 살펴보았다. 하지만, 다른 그룹의 회의론자는 다른 방향에서 문제를 제기한다. 이들은 지구 온난화가 현실이라고 수긍한다. 즉 인간이 원인이고, 그 결과가 심각할 것이라는 것이다. 하지만 지구 온난화를 방지하는 비용이 너무 크기 때문에, 그런 비용을 우리 사회의 다른 곳에 사용하는 것이 보다 나은 선택이라는 것이다. 이런 주장을 강력하게 하는 사람 중 대표적인 인물은 덴마크의 환경주의자 비외른 롬보르이다.

그의 주장은 과학적이기보다는 경제적 관점이다. 따라서 명확한 요구사항이 부족하다. 예를 들면, 이런 주장을 하는 사람들은 가장 비용이 적게 드는 화석 에너지 덕분에 현재 우리 경제가 지탱되어 왔고, 많은 사람을 가난에서 구제했다는 것을 상기시켜 준다. 만일 우리가 과거에 우리에게 큰 이익을 주었던 연료와 작별을 한다면, 거기에는 분명히 좋은 이유가 있어야 한다. 나는 우리가 그런 방향으로 나가야 한다고 생각한다. 하지만 그런 중대한 결정을 내리기 위해서는 지구 온난화가 가져오는 위험과 그 비용에 대한 명확한 이해가 필요하다. 이어질 3장과 4장에서는 이러한 주제를 다룰 것이다.

3 예상되는 결과

우리는 공화당 출신의 대통령을 보좌했다. 하지만 우리는 정치적 이해관계를 초월하는 메시지를 가지고 있다. 미국은 기후 변화를 해결하는 실질적인 단계로 움직여야 한다. 가정에서든 국제적이든 간에 말이다. 다음과 같은 기본적인 사실에 대해서 더는 과학적 논쟁이 없다. 지구는 더워지고 있다. 지난 수십 년간의 기온은 현대에서 가장 더운 기록적인 날들이 되었다. 게다가 지표면보다 해양의 온도가 더 가파르게 상승하고 있고, 해수면이 상승하고 있다. 북극해의 얼음이 예상보다 빠르게 녹고 있다.

_____ 윌리엄 럭겔스하우스, 리 M. 토마스, 윌리엄 K. 라일리, 크리스틴 토드 휘트먼
(닉슨, 레이건, 조지 부시 및 W. 부시 대통령 시절의 미국 환경보호청장들)

만일 당신이 지구 온난화는 당파적 문제가 아니라는 것을 의심하는 사람이라면, 위에 언급한 내용을 보고 당황했을 것이다. 위에 언급된 내용은 공화당 출신의 대통령 정권에서 환경보호청장을 역임한 네 명의 청장들이 말한 것이다. 공화당 정권이 제기한 문제의 긴급성은 민주당 정권의 오바마 대통령이나 앨 고어 전 부통령의 주장과 큰 차이가 없다. 이처럼 지구 온난화는 정치적 신념을 초월하고 국가 간 경계도 허물어 버린다.

이 문제가 왜 긴박한 행동을 요구하는지 이해하기 위해서, 우리는 지구 온난화를 일으키는 이산화탄소 방출을 신속히 완화할 수 있는 행동을 취하지 않으면 어떤 형태의 결과를 맞게 되는지 알아야 한다. 21세기 말에는 지구의 평균 온도가 2°C에서 5°C 정도 상승할 것으로 예상되는데, 이 정도의 온도 상승은 그렇게 심각하게 나빠 보이지 않는다. 게다가 만일 당신이 추운 기후 지역에 살고 있다면, 그런 온도 상승은 오히려 반길 일이다. 하지만 예상되는 지구 온난화의 결과는 평균 온도 상승의 변화 그 이상이다.

지구 온난화의 결과 뒤에 숨은 과학적 지식은 무엇인가?

당신은 아마도 방송에서 지구 온난화의 결과에 대한 논쟁을 본 적이 있을 것이다. 특히 최근에 발생하는 극심한 이상 기후의 원인에 대한 논쟁이다. 여기서는 특정한 결과에 관련된 합리적인 논쟁의 장도 열려 있지만, 일단은 이런 결과 뒤에 숨어 있는 이해하기 쉬운 기본 과학적 지식을 언급하도록 하자. 우리는 단순한 논리적 순서를 밟을 것이다.

- **출발점** : 앞서 우리가 논의했듯이, 최근의 급격한 지구 온난화의 원인은 인간이 발생하는 이산화탄소와 그 외의 온실가스 때문이다.
  - **기억하기**: 우리가 방출하는 이산화탄소의 절반은 대기권에 머물러 있으며, 그것이 대기권의 이산화탄소 농도 증가의 원인이다. 나머지 절반의 이산화탄소는 해양에서 물에 흡수된다.

- **대기권** : 증가된 이산화탄소와 다른 온실가스는 온실 효과를 증대시키고, 증가된 온실 효과는 지구 대기권에서 더 많은 에너지를 흡수한다는 것을 의미한다.
  - **결과** : 우리는 단지 지구가 더워지는 것에만 관심을 가지고 있지만, 온실 효과로 대기권과 해양에 증가된 에너지가 나타날 수 있는 다양한 결과들을 예측해야 한다. 지구 전체의 평균 온도 상승뿐만 아니라, 지역적 기후 변화, 강력한 태풍과 극심한 날씨 변화, 그리고 해양과 극지방 빙하의 용융도 이런 지구 온난화의 결과에 포함된다.

- **해양** : 배출된 이산화탄소의 절반은 해양에 흡수되는데, 흡수된 이산화탄소는 화학 반응을 통하여 해양의 산성화를 가속시킨다.
  - **결과** : 지구 온난화의 또 다른 결과는 바로 "해양의 산성화"라고 부르는 것이다. 해양 산성화는 산호초와 다른 해양 생태계에 큰 피해를 주고 있다.[1] 이런 해양의 생태계 변화는 과도한 어업 활동, 해양 오염과 맞물리면서 수십억 인류가 의지하고

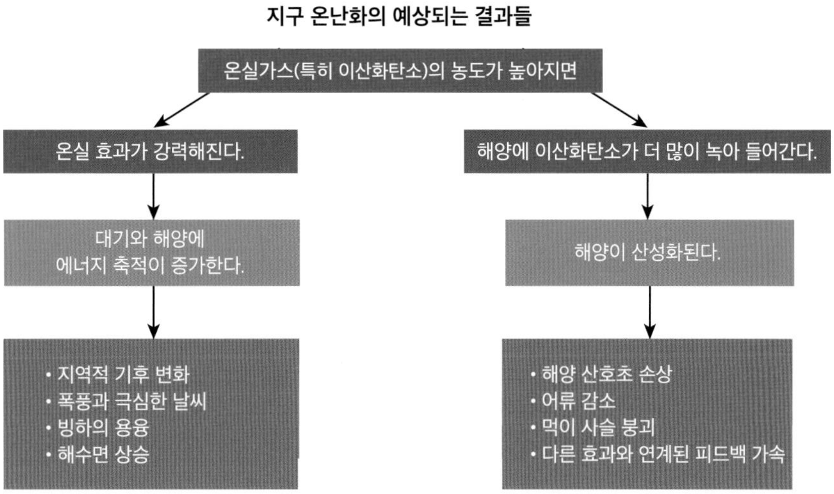

지구 온난화의 예상되는 결과들

온실가스(특히 이산화탄소)의 농도가 높아지면

온실 효과가 강력해진다.

대기와 해양에
에너지 축적이 증가한다.

- 지역적 기후 변화
- 폭풍과 극심한 날씨
- 빙하의 용융
- 해수면 상승

해양에 이산화탄소가 더 많이 녹아 들어간다.

해양이 산성화된다.

- 해양 산호초 손상
- 어류 감소
- 먹이 사슬 붕괴
- 다른 효과와 연계된 피드백 가속

그림 3.1 위의 단순한 논리적 순서(흐름 차트)는 우리가 지구 온난화라고 부르는 것에서 나타날 수 있는 다양한 결과를 설명한다.

있는 식량의 먹이 사슬 중 하나인 어류의 지속 가능한 생존에 결정적인 위험 요인으로 작용할 수 있다. 해양 생태계 변화는 지구 온난화로 발생하는 다른 변화에 피드백을 주어서 잠재적으로 인간 문명에 영향을 주는 요인들을 증대시킬 수 있다.

〈그림 3.1〉은 이런 논리적 순서를 요약한 것이다. 3장에서는 위에 언급된 주요한 결과들을 자세히 검토할 것이다.

Q 강력한 온실 효과에 의하여 포획된 잉여 에너지가 지구를 덥게 한다는 것 이외에 다른 영향을 주고 있다는 것을 설명할 수 있나?

난로 위 주전자로 물을 끓인다고 상상하자. 난로가 방출하는 에너지는 물을 가열하는 데 사용된다. 하지만 그것이 다는 아니다. 예를 들면, 가스 화력이든 전기

1 앞서 간략히 설명했지만, 지구 온난화는 해양에서 산소 농도를 낮게 하는 결과를 가져온다. 몇몇 과학자들은 이런 결과가 해양의 산성화보다 해양 생물에게 더 큰 피해를 준다고 여긴다. 하지만, 아직 이러한 현상은 과학적으로 완전히 밝혀지지 않아서 더 이상 언급은 피한다.

화력이든 에너지의 일부는 주위의 공기를 데우고, 방출된 에너지의 일부는 '날씨'를 만들어낼 수 있다(전문적인 용어로 대류열전달이라고 한다). 왜냐하면 주전자 안에서 데워진 물은 위로 올라가고, 덜 데워진 물은 주전자 밑으로 내려오기 때문이다. 같은 방식으로, 대기권에서 강력한 온실 효과에 의하여 포획된 에너지는 주위의 공기만 데우는 것이 아니라 해양의 물도 데우고, 빙하를 녹게 하고, 날씨에도 큰 영향을 미친다.

Q 얼마나 많은 에너지가 대기권에 축적되어 지구 온난화를 일으키는가?

실제로 그 에너지는 엄청난 양이다. 최근의 과학적 분석[2]에 따르면, 인간의 활동에 따른 이산화탄소와 다른 온실가스의 방출량이 현재의 속도를 유지한다면, 대기권과 해양의 전체 에너지 증가는 매초마다 250조 줄이 될 것이다(250 trillion joule, 1kg의 무게를 가지는 물체를 1m 이동하는 데 필요한 에너지의 양이다). 이 수치를 좀 더 이해하기 쉬운 항목으로 바꾸면, 다음과 같다.

- 히로시마에 떨어진 원자 폭탄과 동등한 폭탄 4개를 매초마다 폭발시키는 것이다.
- 매초마다 500,000개의 번개가 방출하는 에너지이다.
- 가장 강력한 허리케인 샌디 정도의 태풍이 지구의 두 지역에서 항상 발생하는 것이다.
- 가장 강력한 5등급 토네이도 3,000개가 매일 발생하는 것이다.

이 정도 크기의 에너지가 대기권과 해양에 축적되는 것이다.[3] 그렇기 때문에 이에 따른 주목할 만한 결과를 예측하는 것은 놀라운 일이 아니다. 하지만, 우리는 축적되는 에너지의 결과가 실제로 겪는 것보다 크지 않다는 것에 의아해한다. 그 이유는 이 엄청난 에너지가 대기권과 해양에 아주 점진적으로 축적되기 때문이다.

---

2 여기서 제시하는 숫자와 대부분의 비교값은 4hiroshima.com에서 찾아볼 수 있다. 또한 D. Nuccitelli et al., Phys. Lett. A 376, no. 45: 3466-3468 (2012) 논문에서도 찾아볼 수 있다.

3 비교되는 양을 더 상세히 설명하면, 첫 번째 나오는 두 가지 항목은 초당 발생하는 에너지의 크기를 비유한 것이다. 세 번째 항목은 초당 증가하는 에너지가 허리케인 두 개가 방출하는 에너지의 크기라는 것이다. 네 번째 항목은 24시간 동안 방출되는 에너지는 하루에 3,000개의 토네이도를 만들 수 있는 에너지의 크기라는 것이다.

지역적인 기후 변화

당신은 '지구 온난화'라는 용어와 '기후 변화'라는 용어가 자주 혼동되는 것을 알아차렸는지 모르겠다. 혼동이 되는 이유는 다음과 같다. 지구의 평균 온도가 올라갔다는 것은 단지 지역적인 기후의 편차를 평균한 것이다. 다른 말로 하면, 지구가 이번 21세기 말까지 '단지' 2~5°C 온도 상승을 가져온다는 것은 어떤 특정한 지역에서는 엄청난 기후 변화를 겪게 된다는 것이고, 이런 극심한 변화는 다양한 2차적인 충격을 일으켜서 우리의 생존에 위협이 된다는 것이다. 지역적으로 극심한 기후 변화는 현재 진행 중이며, 우리는 미래에 더 큰 변화가 올 것으로 예측한다.

지역적으로 기후가 이미 변화하고 있다는 것을 보여주는 증거는 무엇일까?
가장 직접적으로 지역적인 기후 변화를 보여주는 것은 온도 분포이다. 〈그림 3.2〉는 1951년부터 1980년까지 지구의 평균 온도를 2011년에서 2015년의 평균 온도와 비교한 것이다. 지구 대부분 지역의 온도가 몇십 년

지역적 온도 변화
1951년부터 1980년까지 평균 온도와 2011년부터 2015년까지 평균 온도 비교

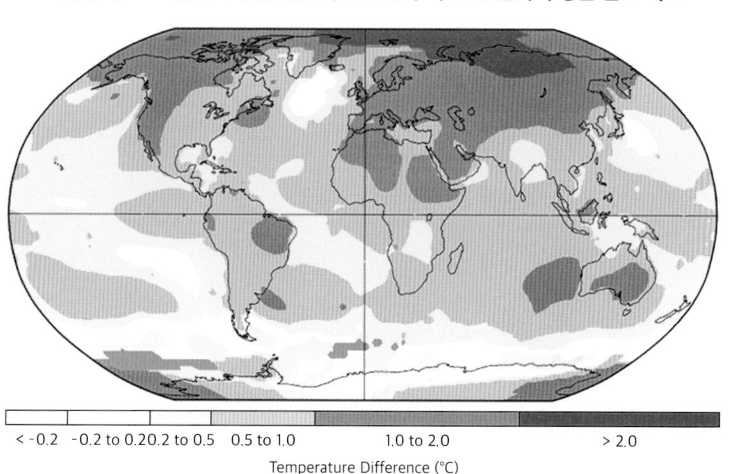

그림 3.2 이 지도는 지역별 온도 변화를 보여주는데, 2011-2015년의 5년 평균을 1951-1980년 평균값과 비교하였다. 지구 온난화가 지구 전 지역에 영향을 주고 있다는 것을 알 수 있다. 하지만 지역적 편차가 존재한다. (회색 지역은 비교 자료가 없는 지역이다). NASA는 1880년부터 현재까지 지구의 온도 변화를 보여주는 훌륭한 동영상을 만들어왔다.

전의 온도보다 상승한 것을 알 수 있지만, 어떤 지역—특히 지구 북반구 지역—은 다른 지역보다 매우 많이 더워진 것을 알 수 있다.

기후 변화가 현재 진행형이라는 것을 보여주는 다른 증거들도 많이 있지만, 그 모든 것을 말할 필요는 없을 것 같다. 현재까지 기후가 변화하고 있다는 것은 모든 사람들에게 명백한 현상이다. 왜냐하면 뉴스의 날씨 정보에서 최고 온도가 자주 갱신되고, 그 지역에 오랫동안 살고 있는 거주민이 이런 날씨(허리케인, 강풍, 홍수, 산불 등)는 처음 겪는다는 인터뷰만으로도 알 수 있기 때문이다. 〈그림 3.2〉의 자료는 지구 온난화에 대한 의심을 확실하게 없애는 것이다. 기후 변화는 이미 진행되고 있다.

지역적 기후 변화는 온도 변화 외에 무엇이 있는가?

기후 변화에 따른 2차적인 영향이 많이 있지만, 대표적인 예로 몇 가지만 나열하겠다.

- **가뭄과 홍수** : 날씨 패턴의 변화는 어떤 지역은 더욱 건조하게 하고, 어떤 지역은 더욱 습하게 한다. 예를 들면, 최근 미국 캘리포니아주(캘리포니아의 시에라 네바다의 적설량은 지난 500년간 가장 낮은 수치였다)와 미국 남서부의 가뭄은 기후 변화의 영향 말고는 이렇게 나빠질 수가 없다. 한편 어떤 지역의 홍수(파키스탄의 홍수)는 최근에 급격히 증가되었다. 이제 당신은 기온 상승이 물의 증발을 더욱 증가시켜서 이런 현상을 불러왔다는 것을 이해할 수 있을 것이다. 이렇게 증가된 물의 증발은 어떤 지역은 더욱 건조하게 만들고, 한편으로 어떤 지역은 습도가 더욱 증가하여 더 많은 비나 눈이 내리게 되는 것이다.
- **산불** : 고온 건조한 조건은 산불 발생의 위험을 높인다. (〈그림 3.3〉) 우리는 세계 곳곳에서 커다란 산불이 발생하는 것을 잘 알고 있다. 특히 미국 서부, 알래스카, 캐나다, 오스트레일리아, 러시아에서 자주 발생한다.
- **숲의 소실** : 미국 로키산맥의 소나무 숲은 소나무를 해치는 딱정벌레의 급격한 증가로 죽어가고 있다. 소나무의 천적인 딱정벌레 개체수

그림 3.3 미국 콜로라도주 화재(하이 파크 산불)는 기후 변화와 관계가 있을 수도 있고 없을 수도 있다. 하지만 이런 산불은 이 지역이 점점 건조하고, 더워지고 있기 때문이라는 것을 보여준다.

증가는 짧고, 따뜻해진 겨울 때문이다. 이런 따뜻한 겨울 날씨는 바로 기후 변화 때문이다.(〈그림 3.4〉) 유사한 생태학적 변화들이 지구 곳곳에서 발생하고 있다.

- **해충과 질병** : 지구 온난화는 아마도 곡물에 피해를 주는 해충과 해충이 옮기는 질병의 확산에 도움이 될 것이다. 예를 들면 지카 바이러스, 뎅기열, 치쿤구니야 같은 질병은 모기에 의해 전염되는데, 모기에 물린 사람은 잠복기를 거쳐서 질병에 걸리게 된다. 연구자들이 확인한 사실은 지구의 기온이 올라가면 질병의 잠복기가 짧아지고, 이것은 질병의 확산 속도를 빠르게 진행시킨다는 것이다. 또한 지구 온난화는 지구상 곤충들의 서식지를 증가시킨다. 따라서 전에는 발생하지 않던 지역에서 해충에 의한 질병이 새롭게 발생한다.
- **종의 멸종** : 어떤 종들은 지구의 지역적 온도 변화에 맞추어서 이동할 정도로 빠르지 않다. 때문에 이런 종들은 멸종을 하게 될 것이고, 이런 종에 의지했던 지역 생태계는 변화하거나, 파괴될 것이다.

1895년부터 2014년간 미국의 48개 주에서 봄에 마지막 서리가 내리는 시기와 가을에 첫서리가 내리는 시기 변화

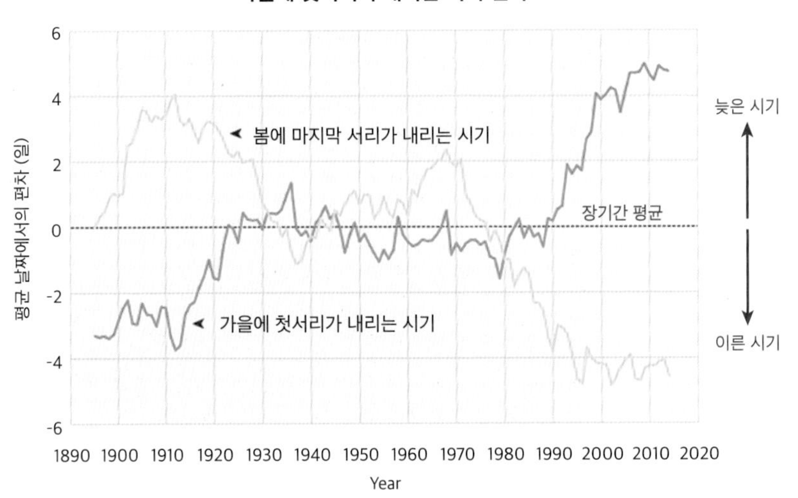

그림 3.4 이 그래프는 가을에 첫서리가 발생하는 시기(오렌지색)와 봄에 마지막 서리가 사라지는 시기(노란색)를 수십 년간의 평균값으로 표시한 것이다. 가을에 첫서리가 생기는 날짜가 약 4일 정도 늦춰지고, 봄에 마지막 서리가 없어지는 날짜가 4일 정도 당겨졌다. 즉 과거와 비교해서 서리의 존재 시기가 8일 정도 짧아진 것이다. 이렇게 단축된 서리 존재 시기가 바로 딱정벌레의 개체수를 늘리고, 다른 해충이나 질병의 확장을 가져왔다.

지역적 기후 변화가 우리의 미래에 어떤 영향을 미칠지 예측할 수 있는가?

간략히 말해서, 지구 온난화가 지속적으로 심화된다면, 우리가 앞서 살펴본 것들이 증폭될 것이라고 예상할 수 있다. 예상되는 결과들이 얼마나 증폭될 것인지는 지구 온난화의 속도에 달려 있다. 만일 당신이 최근에 가뭄이나 산불이 증가하는 경험을 했다면, 앞으로는 이런 일들이 점점 더 자주 발생할 것이라 예상하면 된다. 같은 이유로, 당신이 최근에 홍수를 자주 겪었다면, 앞으로는 일생에 한 번 일어날 것 같은 엄청난 홍수가 당신의 '새로운 일상'이 될 것이라는 것이다.

알래스카의 동토가 녹고 있다고 들었다. 이것이 지구 온난화를 증폭시키는가?

극지방의 언 땅이 녹는 것이 나쁘지 않다는 의견이 있기는 하지만, 몇몇 과학자들은 이것이 또 다른 위협이 될 거라고 경고하고 있다. 엄청난 양의 이산화탄소와 메탄가스가 북극 지방의 동토(항상 얼어 있는 땅)에 묻혀 있다. 이 땅을 '툰드라'라고 하는데 일 년 내내 영하의 온도이다. 이 땅은 또한 식물들을 포함하고 있는데 온도가 낮기 때문에 식물들은 썩지 않고 있다. 만일 지구 온난화로 이 동토가 녹기 시작하면, 식물은 썩기 시작하고, 이산화탄소와 메탄가스는 대기권으로 방출될 것이다. 이런 상황이 되면 지구 대기권의 온실가스는 급격하게 증가할 것이며, 지구 온난화는 가속될 것이다. 나는 더 이상 이 문제를 깊게 논의하지는 않을 것이다. 우리는 '최악의 시나리오'가 실제로는 발생하지 않는다는 것을 기억하고 있지만, 이런 종류의 사건이 지구 온난화를 가속시킬 수 있다는 것을 기억하기 바란다.

폭풍과 극심한 날씨

지구 온난화에서 예상되는 두 번째 중대한 결과는 극심한 날씨 조건이다. 앞서 논의했듯이, 지구 온난화는 대기권과 해양에서 에너지의 증가를 의미하는데, 이런 에너지가 날씨를 결정한다. 지구의 에너지가 증가할수록, 우리는 허리케인, 폭풍 등 극심한 날씨가 점점 더 빈번해지고, 점점 더 강력해질 것이라고 예상할 수 있다. 극심한 날씨는 종종 극심한 겨울 추위도 포함하게 되는데, 이런 경우에 지구 온난화는 역설적이게도 엄청난 폭설을 가져올 수 있다.

지구 온난화와 엄청난 폭풍은 서로 연관이 있는가?

아니다. 과학자들은 어떤 특정한 태풍이 지구 온난화와 연결되어 있다고 여기지는 않는다. 하지만 전체적인 경향은 지구 온난화와 연관이 있다고 생각한다. 많은 기후 과학자들은 이런 상황을 '납을 박은 부정 주사위 놀이'에 비유한다. 마치 납을 박은 주사위가 평범한 주사위보다 특정한 결과를 자주 보여주듯이, 지구 온난화도 지구 온난화가 없었던 상황보다 특정한 결과를 자주 보여주기 때문이다. 2015년의 허리케인 퍼트리샤(〈그림 3.5〉를 보라)를 예로 들어보자. 이 허리케인은 미국을 휩쓴 가장 강력한 허리케인이었고, 태평양에서 발생한 허리케인 중에서 둘째로 강력한 태풍이었다. 우리는 지구 온난화가 이런 태풍의 원인이라고 말할 수는 없다. 하지

그림 3.5 2015년 10월 허리케인 퍼트리샤는 미국을 휩쓴 가장 강력한 허리케인이었고, 태평양에서 발생한 허리케인 중에서 두 번째로 강했다. 사진은 국제우주정거장에서 우주비행사 스콧 켈리가 찍은 것이다.

만 지구 온난화가 이런 태풍을 만들 수 있고, 자주 발생시킬 수 있다고 할 수는 있다. 따라서 앞으로 다가올 가까운 미래에는 이런 일들이 자주 발생할 것으로 예상된다. 흡연이 또 다른 비유가 될 것이다. 우리는 흡연이 특정한 사람의 폐암 원인이라고 확신할 수는 없다. 하지만 평균적으로 볼 때, 담배를 많이 피는 사람이 폐암에 걸릴 확률이 높다는 것은 우리 모두 잘 알고 있다. 같은 이유로, 우리가 온실가스—더 많은 에너지—를 대기권에 계속 방출하면 좀 더 극심한 날씨 변화를 예상해야 한다.

극심한 날씨의 빈도수가 증가하고 있다고 확신하는가?

'극심한 날씨'를 정의하기는 어려운 일이다. 인간의 거주 조건 변화 중에서 태풍 또한 유익한 것으로 생각한 적이 있었는데(이 경우에는 태풍이 사람이 살지 않는 곳을 통과할 때이다) 태풍의 경로에 사람의 거주지가 있다면 태풍은 극심한 날씨가 된다. 따라서 이런 사건은 자연스럽게 극심한 날씨 조건에 관한 통계 자료에 불확실성을 가져온다. 그럼에도 불구하고, 통계 자료는 극심한 날씨가 증가하는 경향을 보여준다. 〈그림 3.6〉은 세계 최대의 보

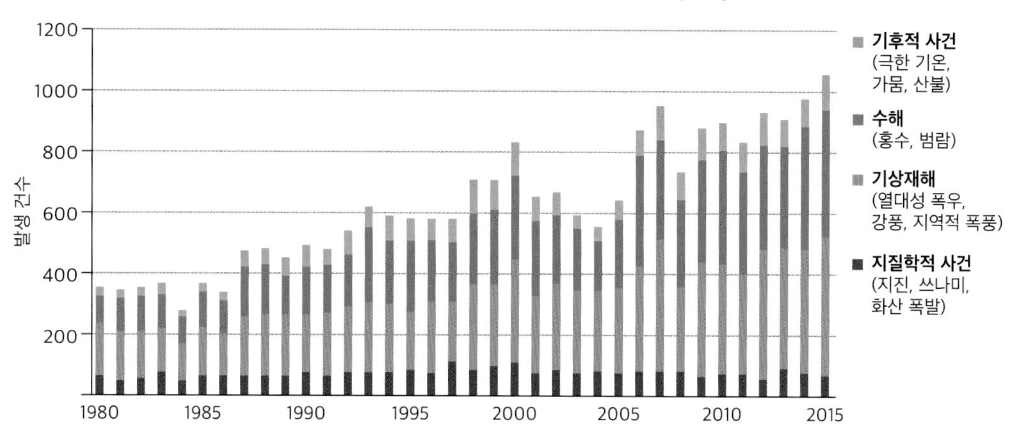

그림 3.6 이 그래프는 1980년부터 2015년까지 지구상에서 발생한 자연 재해의 변화이다. 그래프의 맨 밑에 있는 붉은색 자료는 무시하라. 이것은 지질학적 사건으로 지구 온난화와는 무관하다(지진, 화산 폭발). 다른 막대그래프는 날씨 또는 기후와 연관된 사건들이다. 해마다 전년과 비교하면 큰 변동은 있지만, 전체적인 추세는 분명히 증가한다.
(뮤닉 리 재보험사, 〈Topics Geo〉, 2016년)

험회사가 작성한 자연 재해 자료이다. 그래프의 맨 아래쪽 붉은 막대를 무시하면(붉은 막대는 지진이나 화산 폭발과 같이 지구 온난화와 무관한 재해이다), 다른 재해는 모두 지구 온난화와 관계가 있다. 재해의 빈도수는 매년 조금씩 변동이 있지만, 1980년 이후 전체적으로 증가 추세에 있다. 이것이 바로 '납을 박은 부정 주사위 놀이'의 비유에 대한 강력한 증거가 된다. 지구 온난화는 극심한 날씨 조건을 점점 더 일상적으로 만든다.

우리는 최근 엄청나게 추운 겨울을 경험했다. 이것이 지구 온난화를 주장하는 데 부정적으로 작용하는가?

전혀 그렇지 않다. 폭풍은 대기권과 해양의 에너지에 의하여 그 힘을 얻는다는 것을 기억하라. 그리고 지구 온난화는 그 에너지가 증가하는 것이다. 그래서 모든 종류의 폭풍—겨울 눈 폭풍을 포함하여—은 점점 더 강해진다. 실제로 〈그림 3.7〉에서 알 수 있는 것은 "비가 오면 아주 퍼붓는다, 또는 눈이 한번 내리면 폭설이 온다"라는 말처럼 최근 몇십 년간의 경향을 잘 보여주는 증거이다. 또한 지구 온난화가 지속되면 이런 기상 현상이 자주 올 것이라는 것을 예상해야 한다.

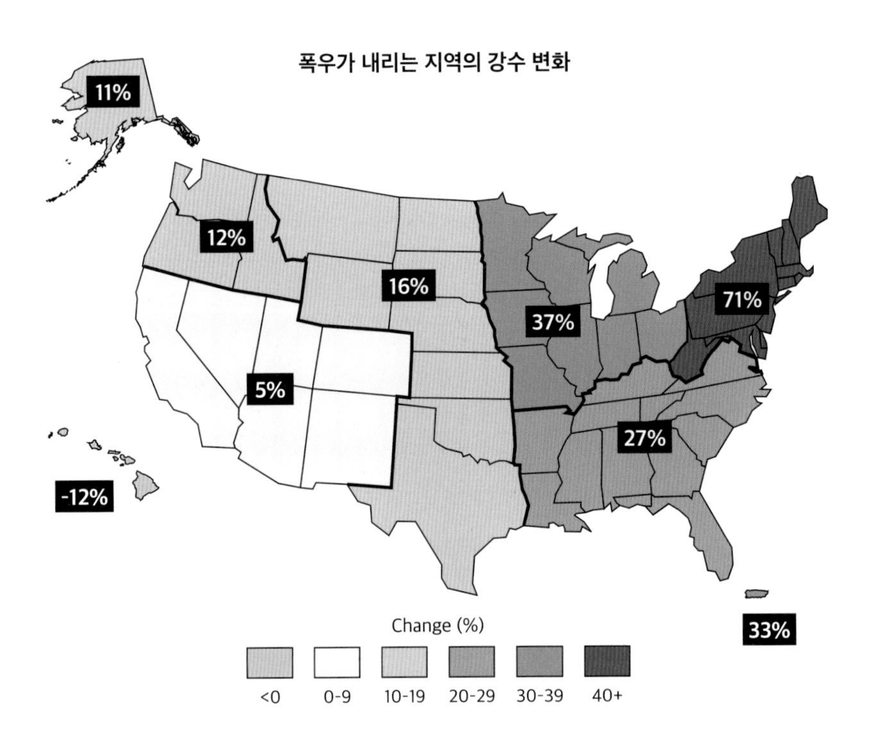

그림 3.7 이 그래프는 1958년부터 2012년까지 미국의 여러 지역에서 폭우나 폭설의 변화량을 나타낸 것이다. 하와이를 제외한 모든 지역에서 폭우나 폭설이 증가되는 경향에 주목하라. 다른 말로 하면, 비가 오면 아주 퍼붓고, 눈이 한번 내리면 폭설이 온다는 뜻이다.

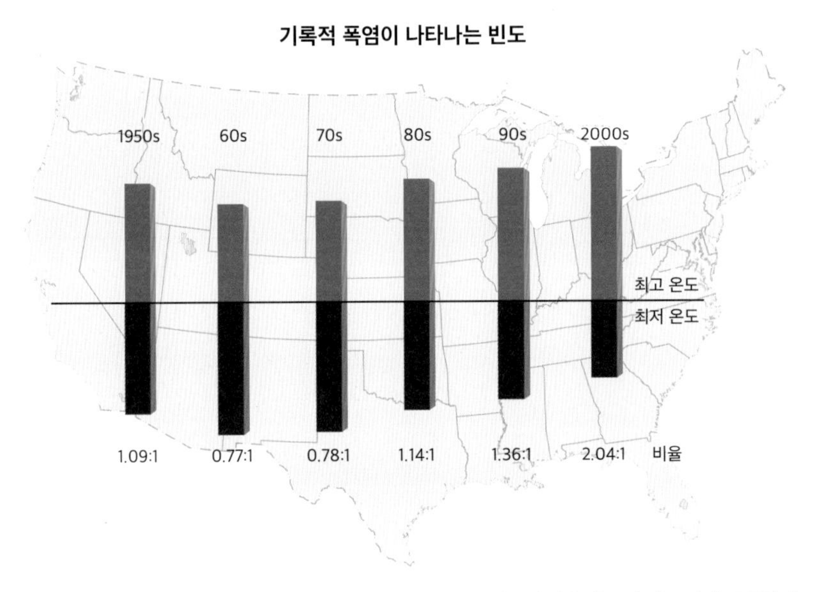

그림 3.8 미국의 48개 주에서 최고 온도 기록과 최저 온도 기록의 비율이 증가하는 것에 주목하라. 이것은 날씨가 점점 폭염 쪽으로 진행하고 있다는 분명한 지표이다. 유사한 결과는 미국뿐만 아니라 전 지구적으로도 관찰되었다. (자료 : 미국 국립 대기연구센터, G. A. Meehl et al., U.S. Geophys. Res. Lett. 36: L2370, 2009)

추운 겨울보다 무더운 여름이 일상적일 것이라고 기대하는가?

물론이다. 여러 증거가 이런 주장을 지구적이거나 국지적으로 지지한다. 〈그림 3.8〉은 1950년 이후로 최고 온도 기록과 최저 온도 기록의 비율이 어떻게 변화했는지를 보여주는 자료이다. 1960년대와 1970년대에는 최저 온도 기록들이 최고 온도 기록보다 많았는데, 최근에 이르러서는 최고 온도 기록이 최저 온도 기록보다 점차 많아지는 것을 알 수 있다. 이것은 날씨가 점점 더워지고 있다는 분명한 지표이다. 이것은 우리를 불편하게 하고 위험을 알리는 자료이다. 태풍이나 허리케인만큼 엄청난 뉴스거리는 아니지만, 여름의 폭염은 어떤 기상 사건보다 지구의 사람들을 많이 죽게 한다.

빙하의 용융

지구의 온도가 상승하면 빙하가 녹는 것은 당연하다. 지구 온난화는 세계 각 지역의 빙하를 녹일 것으로 예상된다. 대략적으로 말해서, 빙하가 녹는 방식은 두 가지이며, 이것은 각기 다른 결과를 가져온다.

1. 북극해 빙하의 용융.
2. 그린란드나 남극과 같이 땅에 덮인 빙하 얼음의 용융.

우선 지구 온난화의 영향으로 북극해 빙하가 녹을 때의 결과를 살펴보고, 빙하 얼음의 용융으로 인해 해수면 상승이 일어나는 문제는 나중에 논의하도록 하자.

빙하가 녹는 것이 우리에게 치명적인가?

북극해 빙하가 녹는 것이 해수면 상승에 영향을 주지 않는다는 것은 우리에게 반가운 소식이다. 왜냐하면 북극해 빙하는 바다 위에 떠 있는 얼음이기 때문이다. 하지만 나쁜 소식은 빙하가 녹으면 다른 치명적인 결과를 가져온다는 것이다. 가장 유명한 내용은 북극곰에게 영향을 준다는 것이다.

북극곰은 바다표범을 사냥하기 위해 빙하를 이용한다. 또한 빙하가 녹으면, 날씨 패턴에 영향을 주는데 최근 미국에 예기치 못한 기상 이변을 가져온 소위 말하는 '북극 소용돌이' 돌풍과 '제트 기류'에 변화를 준다는 것이다. 하지만 이런 것들이 가장 심한 결과는 아니다.

다음의 두 가지는 북극해 빙하의 용융에 따른 가장 큰 위협들이다.

1. 해양의 염도 변화(바닷물에 있는 소금의 양) : 빙하가 녹으면 바다에 민물이 증가한다.[4] 따라서 빙하가 녹는 지역의 바닷물은 염도가 떨어진다. 바닷물의 염도가 떨어지면 해양 조류의 흐름에 영향을 주고, 어부들의 어획량에도 영향을 준다. 아직은 아무도 이런 결과가 어느 정도 피해를 줄지 모르지만, 심한 경우 우리에게 위협이 된다. 예를 들면, 해류 변화는 전 지구적으로 해안 지역 기후에 큰 영향을 주고, 해양 영양분의 수준에 영향을 주며, 어부들의 어획량에도 중대한 영향을 미칠 것이다. 이에 따라 어류에 의존해서 식량을 공급받는 수십억 사람들이 고통을 받게 될 것이다.
2. 지구 온난화 확장 : 앞서 언급했듯이, 빙하의 용융은 실질적으로 지구 온난화를 증대시킨다. 왜냐하면 빙하가 물보다 햇빛을 더 잘 반사하기 때문이다. 만일 빙하가 녹아서 물이 된다면, 이것은 지구가 태양으로부터 더 많은 햇빛을 흡수하게 된다는 것이다. 다르게 표현하면, 북극 빙하가 녹으면 빙하의 용융 속도가 더 빨라지는 피드백이 더 커지고, 따라서 지구 온난화의 다른 영향들 또한 더욱 악화한다.

Q 빙하의 용융이 왜 해수면 상승에 영향을 주지 않는가?

북극해에 떠다니는 빙하의 무게는 이미 해수면에 영향을 미치고 있다. 그래서 빙하가 녹아도 해수면은 변하지 않는다. 간단한 실험으로 이를 증명할 수 있다. 유리잔에 물을 붓고, 얼음을 넣어라. 얼음을 넣고 나서 바로 물의 수위를 표시하

4 북극해 빙하는 담수이다. 왜냐하면 기온이 떨어지면서 빙하가 만들어질 때 그 과정에서 바닷물의 소금을 해양으로 방출하기 때문이다.

라. 얼음이 녹아도 물의 수위가 변하지 않은 것을 볼 수 있을 것이다.

북극의 빙하가 녹는다는 증거는 무엇인가?

〈그림 3.9〉는 1980년, 1998년, 2012년 9월 북극해에 있는 얼음의 분포를 보여준다. 분명하고도 극적으로 빙하가 감소함을 알 수 있다. 자료에서 9월이 선정된 이유는 여름에 빙하의 용융이 끝난 후 가장 적은 양의 빙하가 존재하는 시기이기 때문이다. 하지만 유사한 결과가 다른 시기의 자료에서도 확인되었다. (빙하는 겨울에 증가하고 여름에 감소하기 때문에, 우리는 매년 같은 달에 빙하의 크기를 비교해야 한다.)

북극의 빙하 감소(가을)

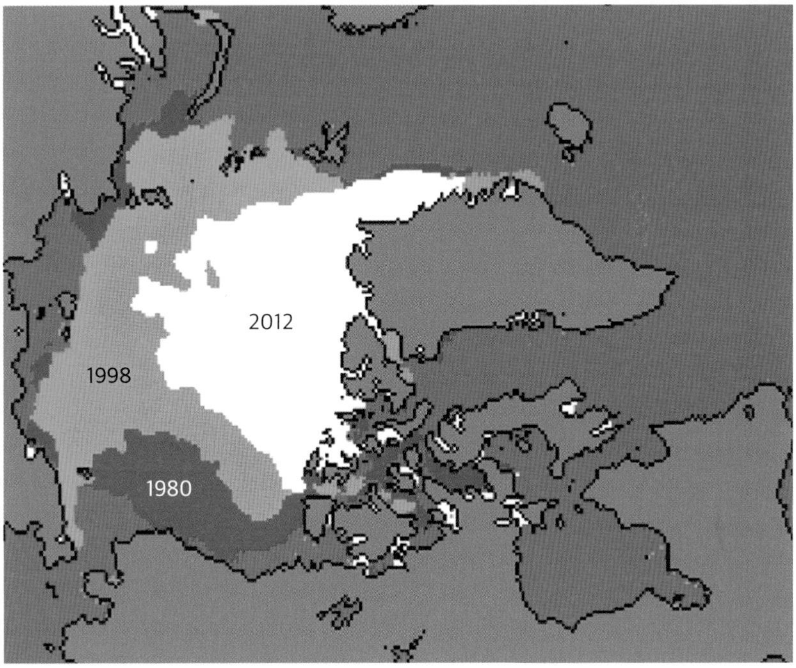

그림 3.9 이 지도는 1980년, 1998년, 그리고 2012년 9월 북극해 빙하의 감소를 보여준다. 1980년에는 붉은색으로 표시된 빙하가 분홍색과 흰색을 포함하여 모든 지역에 넓게 분포되어 있는 것을 볼 수 있다. 그런데 1998년에는 분홍색으로 표시된 지역으로 축소되었고, 2012년에는 흰색으로 표시된 지역으로 축소되었다. 엄청난 면적의 빙하가 감소된 것에 주목하라. (자료 : 미국 국립기후평가 2014 보고서, 미국 눈&빙하 자료 센터)

Q 당신은 2012년 빙하를 보여주었다. 하지만 그 해는 기록적으로 빙하가 적은 해였다. 그런 비교가 과연 정확한 것인가?

〈그림 3.9〉에서 보듯이 누군가 당신에게 특정한 결론을 유도하기 위하여 '자기 입맛에 맞는' 자료를 보여줄 위험성은 항상 존재한다. 따라서 전체적인 자료가 공정한가를 표시하는 한 가지 방법은 전체의 큰 자료를 보여주는 것이다. 〈그림 3.10〉은 1979년 가을부터 2015년 가을까지 빙하의 면적에 대한 자료이다. 당신은 자료에서 2012년이 다음 3년 자료보다 빙하가 가장 적은 면적을 가진 시기라는 것을 확인할 것이다. 하지만 전체적으로 보면 빙하 면적이 감소하는 것은 명확한 사실이다. 게다가 빙하 면적이 가장 작았던 9번의 시기는 모두 최근의 일이다. 통계적으로 일관된 현상은 빙하가 빠른 속도로 감소하고 있다는 것이다.

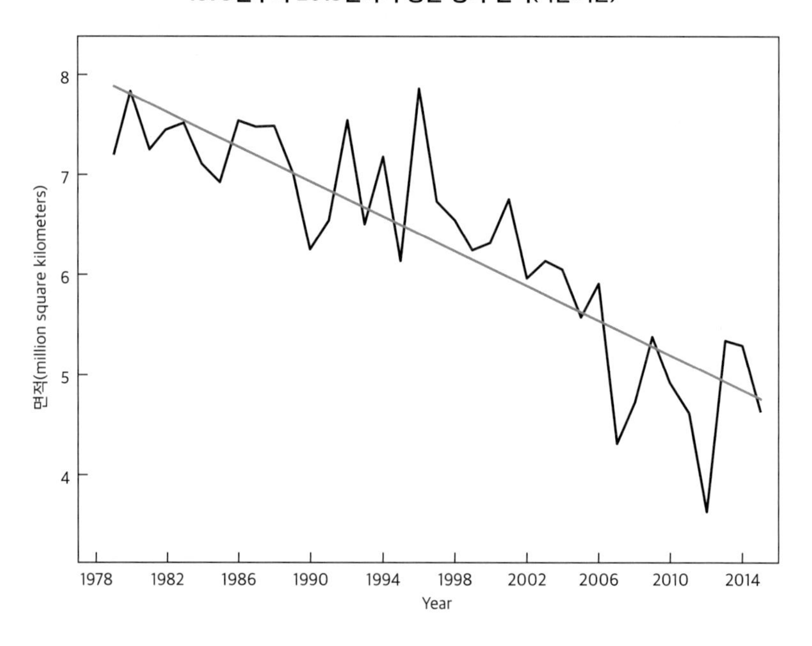

그림 3.10 이 그래프는 북극해 빙하의 면적을 매년 9월에 측정하여 빙하 면적의 변화를 나타낸 것이다. (9월은 여름에 빙하가 녹아서 가장 작은 면적이 될 때이다.) 이 그래프는 위성 사진으로 촬영이 가능한 1978년부터의 자료이다. 그래프의 검은색 곡선은 실제 자료 값이고, 푸른색 직선은 자료를 회귀분석하여 얻은 계산 값이다. 이 직선은 빙하가 줄어들고 있는 경향을 확실하게 보여준다. 약 30년간의 자료를 보면 10년마다 빙하가 13% 정도 줄어들고 있다. 그리고 1978년부터 2015년까지 최저의 빙하 면적을 기록한 9번은 모두 최근 9년에 일어났다. (자료 : 미국 눈&빙하 자료 센터)

해수면 상승

지구 온난화의 중요한 결과들 중 네 번째는 해수면 상승이다. 해수면 상승은 두 가지의 다른 과정에서 발생한다. 첫째, 당신은 알지 못하겠지만, 해양의 물은 따뜻해지면 미세하게 팽창한다. 이런 '열팽창'은 이미 측정이 가능할 정도로 해수면 상승을 가져온다. 둘째, 이것은 잠재적으로 해수면 상승의 큰 요인이 될 것으로, 바로 그린란드와 남극 대륙에 덮여 있는 빙하가 녹는 경우이다. 이 경우에 녹은 얼음은 해수면 상승을 가져온다.

열팽창에 의한 해수면의 상승은 어느 정도인가?

〈그림 3.11〉은 1880년 이후로 해수면 상승의 변화를 측정한 자료이다. 현재의 해수면은 과거에 비해 전체적으로 약 20cm 상승했다. 해양의 바닷물이 왜 온도 변화에 따라 팽창하는지에 대한 과학적 배경을 살펴보면, 바로 열팽창 때문이다. (반대의 경우는 물이 어는 경우이다.) 만일 지구 온난화가 지금과 같이 계속 진행된다면, 2100년에는 약 30cm 정도의 해수면 상승이

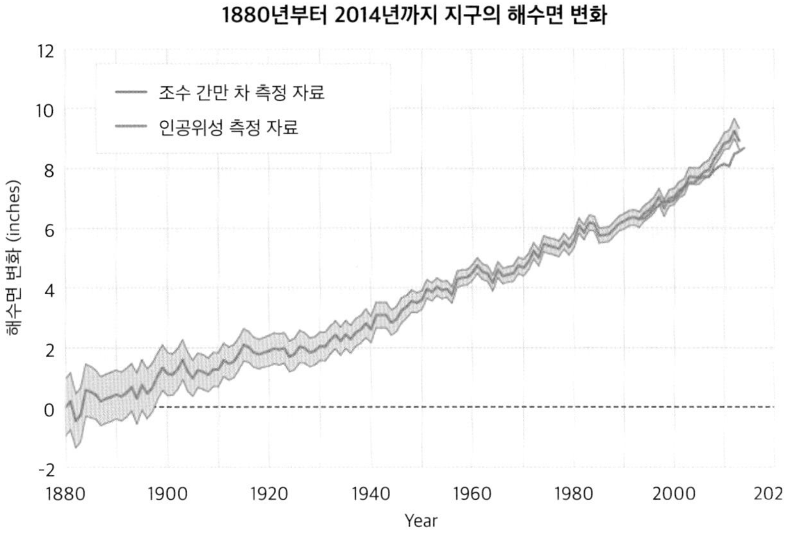

1880년부터 2014년까지 지구의 해수면 변화

그림 3.11 이 그래프는 1880년 이후로 전 지구적 해수면 상승을 측정한 자료이다. 해수면이 상승한 이유는 바닷물의 온도가 상승하면서 열팽창에 의하여 해수면이 상승한 것이다. 그림자로 표시한 부분은 자료의 오차 범위를 나타낸 것이다. 전체적으로 해수면이 약 20cm(8인치) 정도 상승한 것에 주목하라. 이런 추세가 지속되면 2100년에는 약 30cm의 해수면 상승이 추가로 발생할 것으로 예상된다.

그림 3.12 2012년 허리케인 샌디로 피해를 입은 뉴저지 해안가 지역이다.

추가적으로 예상된다.

해수면이 30cm 정도 추가로 상승한다는 것은 심각하게 보이지 않을지 모른다. 하지만 이 정도의 해수면 상승에도 지구 곳곳의 해안가 지역에서 범람이 일어난다. 게다가 이런 해수면 상승이 폭풍을 동반하면 그 효과는 더욱 강력해져서 내륙까지 범람이 발생한다. 대부분의 과학자들은 2012년의 허리케인 샌디(〈그림 3.12〉)의 엄청난 피해는 바로 해수면 상승에 강력한 폭풍이 동반되면서 상승 효과를 가져왔다고 여긴다.

Q 〈그림 3.11〉에 보듯이 위성 사진과 해수면 사진은 왜 다른가?

〈그림 3.11〉의 오른편을 보면, 위성 사진의 자료는 조수의 높이로 측정한 자료보다 해수면 상승이 적게 측정되었다. 이것은 오차도 아니고 큰 걱정거리도 아니다. 우리가 관찰하는 해안가의 '해수면'은 두 가지의 다른 과정에 의하여 영향을 받는다. 1) 해수면 상승, 2) 내륙 땅의 상대적 침하이다. 조수를 측정하는 측정 장치는 해안가 지표면에 대한 상대적 크기를 측정하기 때문에 앞서 이야기한 두 가지 과정에 따른 실제적 높이를 측정한다. 한편 인공위성 사진은 해수면의 높이만 측정하기 때문에 두 자료에서 측정 오차가 생기게 되는 것이다.

해수면 아래에 있을 예정 지역들

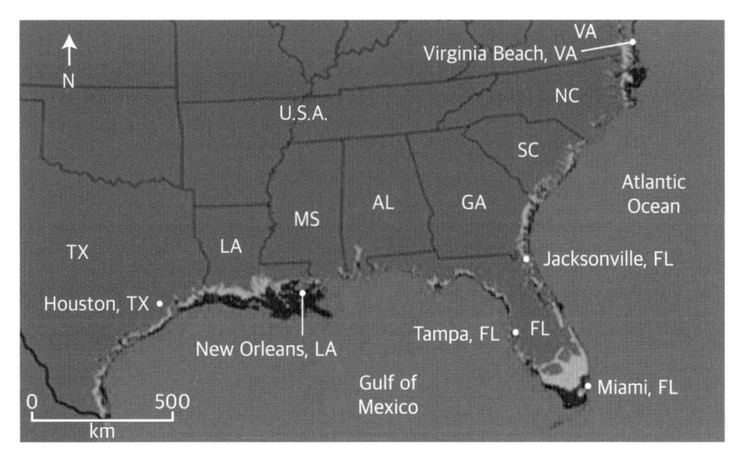

해수면 1m 상승 시; 해수면 6m 상승 시

그림 3.13 해수면이 얼마나 빠르게 상승할지 분명히 알 수는 없지만, 많은 전문가는 2100년에는 대략 1m 상승할 것으로 예상한다. 최악의 경우 6m까지 상승할지 모른다. 이 지도는 미국 남동부 지역을 보여준다. 빨간색으로 표시된 지역은 해수면 상승이 1m 정도 예상될 때 침수 예상 지역, 노란색으로 표시된 지역은 6m의 해수면 상승 시 침수 예상 지역이다. 미국을 제외한 다른 해안 지역 또한 비슷한 해수면 상승 시 침수 예상 지역이다. (출처 : 애리조나 대학교 지구과학&환경연구소 연구실, 해수면 상승이 다른 지역에 어떤 영향을 미치는지 궁금하다면, 다음 자료에서 제공하는 훌륭한 지도 자료를 참고하길 바란다. www.globalwarmingart.com/wiki/Sea_Level_Rise_Maps_Gallery)

빙하가 녹으면 해수면은 어느 정도 상승하는가?

해수면이 상승하는 데 기여하는 두 번째 요인은 바로 그린란드와 남극 대륙을 덮고 있는 빙하가 녹는 것이다. 과학자들은 아직까지 빙하의 녹는 속도를 정확히 예측하지는 못하고 있다. 하지만 대부분의 과학자들은 2100년에는 빙하의 용융에 따른 해수면 상승이 약 1m 정도 될 것으로 —어쩌면 더 높은 해수면 상승— 예상한다. 이럴 경우 해안가 국가들에 엄청난 결과가 예상된다. 예를 들면, 〈그림 3.13〉에서 붉은색으로 표시된 미국 남동부 지역은 1m의 해수면 상승으로 모두 범람이 될 것이다. 그리고 노란색으로 표시된 부분은 해수면이 6m 정도 상승될 때 범람이 예상되는 지역이다.[5]

5 《더 뉴욕커》는 최근 해수면 상승이 현재 미국 마이애미에 어떤 영향을 주고 있는지에 대한 엄청난 글을 게재하였다. www.newyorker.com/magazine/2015/12/21/the-siege-of-miami를 참조.

2002년 이후 남극의 빙하 무게 변동

2003년부터 2014년 평균값과 비교한 빙하의 질량 (단위 : 10억 톤)

1000
500
0
-500
-1000

2004 2006 2008 2010 2012 2014

연도

매년 1,340억 톤의 빙하가 감소하고 있다.

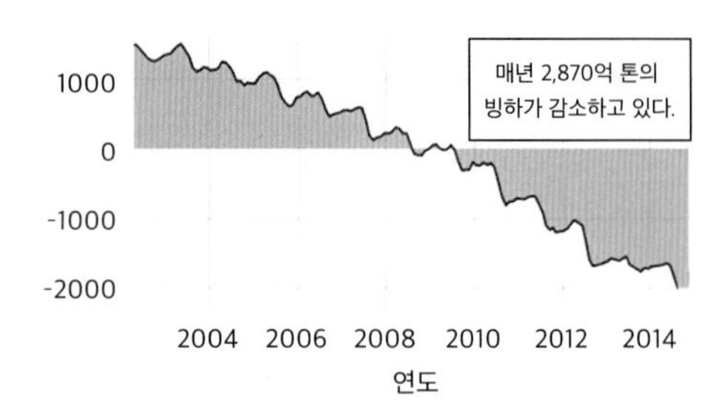

그림 3.14 이 그래프는 미 우주항공국 GRACE 인공위성이 2002년부터 그린란드와 남극의 빙하 질량의 변화를 측정한 자료이다. 그린란드에서 빙하 질량의 감소 속도가 남극 빙하의 감소 속도보다 두 배나 큰 것에 주목하라. 이는 지구 남반구보다는 북반구에서 지표면의 온도 상승이 크다는 것을 의미한다.

〈그림 3.13〉은 단지 미국 남동부 지방만 보여준 것이다. 유사한 결과가 지구 곳곳에서 벌어질 것이다. 몇몇 섬나라 국가들은 완전히 해수면 아래로 잠길 수 있다. 게다가 해수면 상승으로 바다에 잠길 우려가 있는 대부분의 나라들은 미국만큼 이런 결과에 잘 대비하지 못하고 있다. 많은 정치적 과학자들과 군사 전략가들은 해수면 상승으로 수억 명의 난민이 발생할 것이며 기후 변화의 소동에서 정치적 격변이 큰 문제로 떠오를 것이라고 걱정한다.[6]

Q 최근에 들은 이야기로는 남극 빙하의 크기가 늘어나고 있다고 한다. 그래도 당신은 빙하가 녹고 있다고 확신하는가?

당신이 알고 있는 내용은 2015년에 출판된 논문(H. J. Zwally et al., J. Glaciol. 61, no. 230, pp. 1019-1036)에 따른 것이다. 하지만 내가 2016년도에 다시 반박했듯이, 현재 이 문제는 과학자들 사이에 논쟁 중이다. 하지만, 그 새로운 연구가 사실이라 하더라도, 지구 전체에서 빙하가 녹고 있다는 사실을 의심하지는 못한다. 이 연구는 단지 남극 대륙의 빙하에 관한 의견이다. 이 주제에 대한 간략한 요약은

6 지구 온난화로 유발되는 안보 문제의 한 예로서, 많은 지정학적 분석가들은 현재 벌어지고 있는 시리아와 중동의 정치적 격변은 이 지역 가뭄의 확장과 연관이 있다고 판단한다. 2014년 미국 국방부의 보고서에 따르면, 그들은 지구 온난화를 테러 그룹의 활동에 기름을 붓는 '복합적인 위협'이라고 이름 지었다.

다음과 같다.

그린란드와 남극 빙하의 얼음 두께의 변화를 측정하는 방식에는 크게 두 가지가 있다. 두 방법 모두 인공위성 사진 자료가 필요하다. 첫 번째 방법은 빙하 층에 작용하는 중력의 강도에 대한 매우 세밀한 변화의 측정이다. 이런 측정 방식은 시간 경과에 따른 전체 빙하 질량의 변화를 알려준다. 〈그림 3.14〉는 미국 우주항공국(NASA)의 GRACE 인공위성으로부터 분석한 자료이다. 두 번째 방법은 빙하 두께의 높이 변화를 측정하는 것이다. 앞서 언급한 논문은 이 방식을 이용한 것이다. 이 논문에서는 남극 빙하의 어느 한 부분에서 빙하 두께 높이의 감소가 발생하면, 빙하의 다른 부분에서는 높이의 증가가 일어난다는 것이다. 그리하여 전체적으로 보면 빙하의 높이가 약간 증가했다는 것이다.

그런데 문제는 그렇게 결론을 내리면, 인공위성 GRACE에 의해 측정된 빙하 질량의 감소와 빙하 두께의 상승을 어떻게 조화롭게 설명할 것인가 하는 점이다. 첫 번째 가능성은 두 가지 방법 중에 하나는 잘못된 것이다. 예를 들면, 질량 변화를 측정하거나, 빙하 높이를 측정하는 과정에서 측정 장치의 초깃값 보정이 잘못될 수 있다. 대부분의 과학자들은 인공위성 측정 결과를 더욱 신뢰한다. 왜냐하면 이 측정 장치는 수십 년간 관리되고 보정되면서 사용해왔기 때문이고, 빙하 높이를 측정하는 방식은 새로운 방식으로 아직 확실한 검증을 받지 못했기 때문이다. 두 번째 가능성은 두 가지 방법 모두 측정이 정확했다는 것이다. 빙하 두께가 증가했다는 것이 눈이 와서 단단한 얼음층을 이루기 전의 솜털 같은 상태라면 비록 전체 질량의 감소는 있지만 빙하 두께의 겉보기 높이는 증가할 수 있다는 것이다. 기후학자들은 어떤 가능성이 옳은지 판단하기 위해 오늘도 열심히 연구하고 있다. 이런 논쟁들은 기후 변화 연구에 비전문가인 일반인들이 논쟁하기에는 어려운 주제들이다. 그래서 나는 당신에게 다음의 세 가지만 주목하라고 제안한다.

1. 비록 새로운 방법의 연구 결과가 옳다 하더라도, 인공위성이 측정한 그린란드의 빙하 감소는 남극 빙하의 증가보다 3배가 크다는 것을 기억하라. (새로운 연구 방법은 그린란드의 빙하 감소에 대해서는 의문을 제시하지 않았다.) 다른 말로 표현하면, 남극 빙하의 증가는 그린란드의 빙하 감소를 보완하는 '전 지구적' 보완 방식처럼 보인다는 것이다.

2. 새로운 연구 방식에 따르면, 남극 빙하의 증가는 매우 미미한 정도이고, 아마도 몇십 년 후에는 빙하가 감소할 것이라고 예측하고 있다. 다른 말로 하면, 단기간에는 남극 빙하의 증가로 인한 해수면 상승이 우리가 예상한 것보다 적을 것이라는 것이다. 하지만, 그린란드와 다른 지역에서는 빙하 감소로 인하여 해수면은 상승할 것이고, 이에 따라 남극 빙하의 감소는 가속화될 것이다.
3. 이런 기후 변화 논쟁은 과학이 결과를 검토하고 확인하는 과정을 거치면서 발전하고 있다는 것을 보여주는 좋은 본보기이다. 이것은 또한 과학적 논쟁을 해결하는 데 불가피하게 시간이 필요하다는 것이다. 이 주제에 대한 특정한 영역의 논쟁을 해결하는 데 시간이 필요하겠지만, 이 논쟁이 지난 150년간의 연구를 통해서 우리가 확실하다고 여기는 우리의 기본적 과학 지식 1-2-3을 바꾸지는 못할 것이다. 지구 온난화에 따른 정확한 결과는 아직 명확하지 않지만, 우리가 처한 지구 온난화가 현실적인 문제라는 것은 아무도 부정하지 못한다.

만일 극지방 빙하가 모두 녹으면 무슨 일이 벌어질까?

현재까지 우리는 2100년에 예상되는 해수면의 상승에 대해 이야기했다. 하지만 우리의 논의를 2100년에서 멈출 수는 없다. 만일 지구가 충분히 더워지면, 남극과 북극의 얼음이 모두 완전히 녹는 상황을 예상할 수 있으며, 그러면 지구는 얼음이 존재하지 않는 공룡 시대로 돌아간다고 예상할 수 있다. 만일 그런 상황이라면, 당신은 해수면이 얼마나 상승할 것인가 궁금할 것이다. 이제 빙하가 존재하지 않는 지구에서 해수면이 얼마나 상승할 수 있는지 살펴보기로 하자. 일반적으로 해수면 상승에 대한 예측 방식에는 두 가지가 있다. 하나는 과거 지구가 공룡의 시기였을 때 해수면이 얼마나 높았는지를 지질학적 자료로서 확인하는 것이다. 또 다른 방식은 빙하의 질량을 계산하고, 이것이 모두 녹아서 해양으로 흘러갔을 때 해수면이 얼마나 높아지는지 계산을 통해서 확인하는 것이다. 그런데 두 가지 방식으로 예측된 해수면의 상승은 우리를 경악시켰다. 만일 지구의 빙하가 모두 녹는다면 해수면은 무려 70m 상승한다.

물론 대부분의 과학자들은 빙하가 단지 몇백 년 또는 몇천 년 지나서 모두 녹을 것이라는 의견에 대해서는 회의적이다. 하지만 우리가 지구 온난화를 일으키는 요인들을 되돌리려는 시도(대기권의 이산화탄소를 제거해서 이산화탄소의 농도를 줄이려는 노력)를 하지 않는다면 불가피하게[7] 해수면 상승은 발생하게 된다. 우리가 이런 가능성을 똑똑히 주시한다면, 수백 년의 시간 단위로 우리의 후손들은 해안가에서 내륙으로 거주지를 옮겨야 한다. 게다가 우리를 당황하게 하는 상황은 우리 후손들이 조상들이 이룩한 거대한 도시의 유적을 보고자 한다면, 부득이 바다 속으로 잠수를 해야만 볼 수 있다는 것이다.

Q 해안가에 있는 집을 팔아야 할까?

나는 투자에 관한 조언을 할 수는 없지만 해수면 상승이 심각한 상황에 이르기 전에 해안가 집을 판다면, 이익을 많이 볼 수는 있을 것이다. 하지만 한 가지 분명한 것이 있다. 만일 당신이 해안가 집을 후손에게 물려주고 싶다면, 그 꿈을 이루기 위해서는 당장 지구 온난화를 일으키는 행동을 멈춰야만 한다.

해양 산성화

지구 온난화의 다섯 번째 결과는 바로 해양 산성화이다. 해양 산성화는 해양의 바닷물에 이산화탄소가 녹아들면서 잘 알려진 화학 반응을 통하여 바닷물이 점점 산성화되는 과정이다. 3장의 도입부에서 간략히 언급했지만, 해양 산성화는 산호초의 소멸을 포함하는 엄청난 파괴를 해양 생태계에 준다. 또한 해양 산성화는 해양 어류를 식량으로 하고 있는 사람들에게 어획량 감소와 같은 직접적 영향뿐만 아니라 기후 변화를 포함하여 지구

7 2014년에 발표된 두 개의 논문(하나는 에릭 리그노, 다른 하나는 이안 조힌)의 결론을 보면, 남극의 서쪽 지역 빙하는 장기간 붕괴 과정이 진행 중이며, 이것은 해수면을 3m 이상 상승시킬 것으로 예상된다. 또한 나머지 극지방 빙하가 완전히 녹아서 '변곡점'에 언제 도달할지는 아직 아무도 모른다.

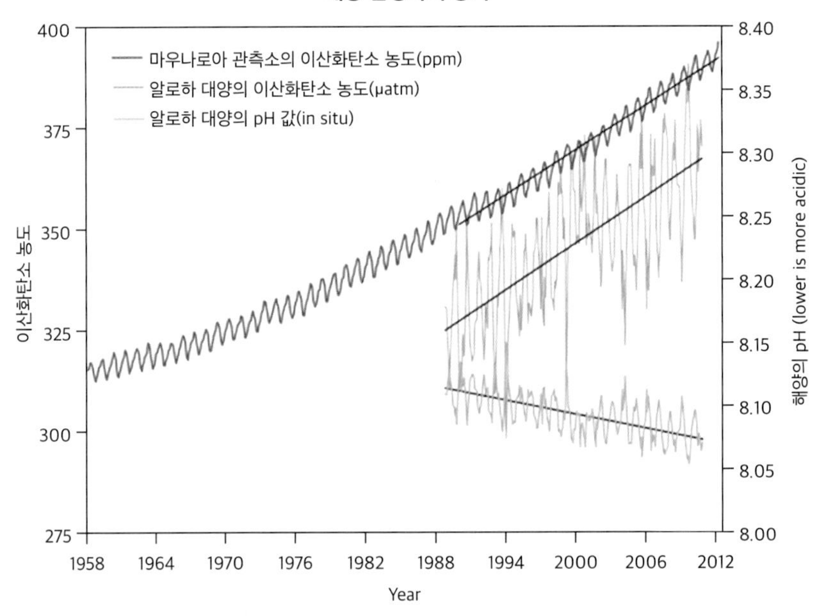

그림 3.15 이 그래프는 해양 산성화를 보여주는 증거이다. 붉은색 곡선은 〈그림 1.8〉에서 보여준 대기권의 이산화탄소 농도이다. 파란색 곡선은 바닷물에 녹아 있는 이산화탄소의 농도인데, 대기권 이산화탄소의 농도와 같이 증가한다. 초록색 곡선은 해양의 수소 이온 농도 지수(pH) 변화를 보여준다. pH는 물의 산성도를 의미한다. 그래프에서 보듯이 해양의 이산화탄소 농도가 증가하면서 pH가 감소함을 알 수 있다. 즉 해양이 점점 산성화되고 있음을 증명한다.

의 다양한 시스템에 영향을 준다.

여기에서는 해양 산성화에 대하여 더 이상 자세하게 언급하지는 않겠다. 왜냐하면 이 주제는 알려진 지식이 많지 않아서 과학적인 연구가 더 필요한 분야이고, 또 해양 화학과 해양 생태계에 관한 자세한 논의는 이 책의 수준을 벗어나는 것이기 때문이다. 하지만 해양은 지구 면적의 $\frac{3}{4}$을 차지하고 있다는 것을 기억하라. 따라서 해양에 어떤 영향이 미치면 그것은 지구 대륙에도 영향을 미친다. 해양 산성화는 지구 온난화의 다른 결과와 마찬가지로 우리 문명에 파괴적 영향을 끼칠 것이다. 따라서 해양 산성화는 지구 온난화의 전체적인 영향을 논의할 때 중요한 주제가 된다.

해양이 산성화되고 있다는 증거는 무엇인가?

〈그림 3.15〉에서 보듯이 바닷물의 산성도를 직접 측정함으로써 알 수 있다. 이것은 의심의 여지가 없다. 산호초와 다른 해양 생태계에 대한 영향

또한 관찰하고 측정하였다.

지구 온난화로 예상되는 영향들을 어느 정도 믿어야 하나?

우리는 지금까지 지구 온난화에 따르는 다섯 가지 중대한 결과에 대하여 논의했다. 지역적 기후 변화, 태풍과 극심한 날씨 변화, 북극 빙하의 용융, 해수면 상승, 그리고 해양 산성화이다. 우리가 살펴본 다섯 가지의 결과는 지구에 또 다른 이차적인 영향과 피드백을 발생시키면서 다섯 가지의 결과를 합한 것보다 더 나쁜 결과를 가져올 것으로 예상된다. 비록 이런 지구 온난화의 결과가 인류에게 얼마나 심각할 것인지에 대해서 자세하게 알 수는 없지만, 이런 결과가 실제로 발생할 것이라는 것에 대해서는 과학적인 의심은 없다.

우리가 이미 본 것처럼 이런 결과는 미래에 발생할 일이 아니다. 이미 이런 결과들이 영향을 미치고 있다는 증거들이 존재한다. 다만 미래에는 그 결과가 더욱 심각할 것이라는 것이다. 우리가 이산화탄소를 대기권으로 꾸준히 배출하면, 인간의 삶과 문명에 엄청난 파괴적 결과를 가져온다는 것은 피할 수 없는 사실이다. 이 점을 명심하면서, 이제는 이 문제가 우리의 손을 떠나기 전에 해결책을 찾아야 할 시간이다.

4 해결책

우리는 지구 온난화 문제를 해결하는 데 있어서 많은 장점이 있다. 하지만 시간은 우리 편이 아니다. 지구 온난화의 결과가 심각한지 아닌지에 대한 논쟁으로 시간을 소비하는 대신, 우리는 지구 온난화가 불러일으키는 중요한 문제들, 즉 지표면 온도 상승, 해수면 상승, 그리고 여러 가지 종속적인 문제들에 대한 처리 방안을 마련해야 할 시점이다. 우리는 지구 온난화가 인류에게 엄청난 위협이 되며 시간이 얼마 남지 않았다고 경고하는 믿을 만하고 사려 깊은 과학자들을 지지한다.

——— 상원 의원이자 미국 공화당 대통령 후보였던 존 매케인 의원이 2008년 5월 12일 미국 오리건주 포틀랜드에서 개최된 '베스타스 풍력시스템' 연수회에서 행한 연설

나는 이 시점에서 이 책의 독자가 존 매케인 의원의 연설을 이해하고 동의하기를 희망한다. 어떤 독자는 매케인 상원 의원이 강력한 보수주의자임을 문제 삼을 수도 있다. 그렇지만 그가 공화당 대통령 후보로 지명을 받았다는 사실을 생각한다면, 지구 온난화의 과학적 진실에 관한 물음은 진보와 보수 간의 당파적 문제는 아니라는 점이 분명하다.

물론, 정치적 설득력이 있는 모든 사람이 문제의 본질에 대해서는 동의할 수 있다 해도, 이것이 그 문제를 해결하는 해결책에서도 같은 생각을 갖게 될 거라는 것은 아니다. 이제 이 책에서 다루는 가능성 있는 해결책은 우리가 앞서 논의한 '순수 과학'에서는 벗어나는 것들이고, 따라서 해결책은 다양한 의견들이 존재하는 영역이다. 그렇기 때문에 나는 이 내용을 우리의 논의에 포함하는 것을 주저했다. 왜냐하면, 내가 지구 온난화에 대하여 과학적 근거로 설명한 것만큼 각각의 해결책에 대하여 그만큼의 과학적 근거가 있지 않기 때문이다. 하지만, 내가 이 부분을 다루지 않는다면, 독자들에게 큰 희망은 심어주지 못하고 다만 미래에 대한 걱정거리만 남

겨두고 떠나는 것으로 생각했다.

그래서 나는 이 책에서 내가 왜 지구 온난화의 미래에 대하여 낙관하는지를 개인적인 의견으로 설명하고자 한다. 나는 앞서 이 책의 서론 부분에서 지구 온난화에 대한 나의 낙관적 견해를 밝혔다. 우리가 문제 해결을 위해 올바른 길을 간다면, 지구 온난화 문제를 해결하는 해법을 얻을 수 있게 될 것이고, 그 해법은 후손들을 지켜줄 뿐만 아니라, 오늘날 사용하고 있는 에너지보다 더 값싸고, 더 안전하고, 더 깨끗한 에너지를 제공해주기 때문에 경제 시스템은 더욱 윤택하게 될 것이다. 게다가 이런 해결책은 정치적 파벌을 떠나서 모든 사람에게 매력적일 것이고, 그 해결책의 윈-윈하는 특성은 우리가 심각한 온난화의 위협에 있다는 것을 믿지 않은 소수의 사람들에게도 매력적인 해결책이 될 것이다. 결국 지구 온난화의 위협을 감소시킬 수 있고, 또한 우리 경제와 삶의 질을 향상할 수 있는 것들에 반대하는 사람들은 이러한 점을 논쟁거리로 삼을 수 있겠지만, 나는 지구 온난화를 일으키는 화석 연료를 대체할 수 있는 기술에 초점을 맞출 것이다.[1] 나는 화석 연료가 현재까지는 지구 온난화에 대한 해법을 찾는 데 가장 큰 장애물이라고 믿는다. 나는 미국뿐만 아니라 전 세계에 도움이 되고 정치적 방법보다 월등히 뛰어난 단순하고도 명백한 '윈-윈' 해법에 초점을 맞출 것이다.

1 현재의 화석 연료 경제에서 조만간 새로운 방식의 경제로 변환이 되어야 한다는 것에 대해서는 누구도 반대하지 않을 것이다. 하지만 전체 경제적으로는 이익이 되어도, 누구에게는 경제적 손실의 가능성이 있다. 예를 들면 화석 연료와 관련된 주식을 가지고 있는 사람들이다. 그들은 지구 온난화는 실제적 사실이 아니라는 점을 대중에게 확신시키는 데 엄청난 돈을 지불하고 있다. 나는 그들이 과녁을 잘못 정하고 있다고 생각한다. 지구 온난화를 반대하는 데 사용되는 재원을 차라리 신재생 에너지 기술 개발에 투입한다면, 그들은 새로운 에너지 경제 시스템에서도 자신들의 지위를 확고히 할 것이다.

에너지 기술 교체

지구 온난화의 엄청난 결과를 감소시키는 유일하고 확실한 방법은 대기권으로 이산화탄소(그리고 다른 온실가스)를 방출하지 않는 것이다. 왜냐하면 대부분의 온실가스는 화석 연료를 태우면서 발생하기 때문이다. 이것이 의미하는 것은 바로 화석 연료를 대체할 수 있는 다른 에너지원을 찾는 것이다. 이렇게 하면 좋은 소식이 있을 것이다. 우리가 지금 사용하는 화석 연료를 전혀 사용하지 않아도 된다는 것이다. 게다가 이런 기술은 또 다른 미래를 약속한다. 나는 현재 사용 가능한 기술들에 관한 이야기를 시작하려고 한다. 내가 생각하기에 그 기술들은 어느 정도 지구 온난화에 대한 해결책이 될 수 있다고 생각한다. 그 기술은 바로 에너지 효율 향상, 태양광, 풍력과 같은 신재생 에너지 그리고 원자력 발전이다.

에너지 효율 향상의 역할은 어느 정도인가?

우리가 화석 연료에 대한 의존성을 감소시킬 수 있는 가장 쉬운 비용 절감 방식은 화석 연료 수요를 줄이는 것이다. 이는 두 가지 방법으로 수행할 수 있다. 1) 우리가 안락하게 누려온 편리성을 포기하는 것, 2) 우리가 사용하는 에너지 기기의 효율을 향상하는 것이다. 나는 첫 번째 방식을 잘 수행하고 있는 친구와 이웃들을 많이 알고 있다. 그들은 어디를 가든지 걷거나 자전거를 탄다. 그리고 빨래도 건조기 대신 베란다나 마당에서 햇볕에 말린다. 겨울에도 난방기를 낮은 온도에 맞춘다. 그런 헌신적인 모습은 칭찬받을 만하지만, 모든 사람에게 그렇게 행동하도록 설득하는 것은 쉬운 일이 아니다. 사실 나부터도 지구 온난화 문제를 해결하는 데 조그만 역할이라도 해야 한다고 생각은 하지만, 나 역시 종종 자동차를 타고, 빨래는 건조기로 말리고, 겨울에는 방을 따뜻하게 한다.

따라서 내 안에 있는 현실적 자아는 우리가 화석 연료 수요를 감소시키는 데 크게 기여하려면 에너지 기기의 효율에 집중해야 한다고 말하고 있다. 이것은 생각보다 효과가 크다. 왜냐하면 에너지 사용에 있어서 낭비 요소가 너무 많기 때문이다. 예를 들면, 백열등은 공급되는 전기 에너지의

5%만 빛으로 바꾼다. 나머지 에너지는 열로 손실된다(백열등이 만지기 힘들 정도로 뜨거운 이유이다-역자 주). 유사한 방식으로 많은 에너지 기기에서 낭비가 발생한다. 또한 발전소에서 가정으로 오는 송전 선로[2]에서도 전기 에너지는 손실된다. 자동차와 항공기 연료도 연소 과정에서 큰 손실을 가져온다. 따라서 에너지 손실을 감소시키고 에너지 효율 향상을 가져온다면, 우리는 화석 연료의 수요를 많이 감축하면서도 현재 생활의 편리함을 누릴 수 있을 것이다. 물리학자이자 환경과학자인 에머리 로빈스의 말에 의하면, 에너지 효율 향상은 '우리가 적은 에너지로 더 많은 것을 할 수 있다'라는 것이다.

한 가지 예를 들면, 건물에서 사용하는 에너지를 한번 생각해보자. 건물에서는 난방, 냉방, 조명 등 여러 전기 기기가 사용된다. 그러나 우리는 효율이 좋은 단열재, 단열 성능이 뛰어난 창문 유리를 사용함으로써 난방과 냉방에 소비되는 에너지를 줄일 수 있다. 또한 가능한 최대로 자연 채광을 이용하여 조명 에너지를 절약할 수 있다. 오래된 백열등을 효율이 4배 이상 좋은 최신의 LED 전등으로 바꿀 수 있다. 마찬가지로 다른 전기 기기도 효율이 좋은 제품으로 바꿈으로써 에너지를 절약할 수 있다.[3]

에너지 효율 향상의 이득은 수송과 같은 우리 경제의 또 다른 영역에서도 찾아볼 수 있다. 예를 들면, 자동차 제조업체는 연비가 두 배 이상 좋은 자동차를 만들 수 있다. 이는 같은 거리를 이동하는 데 연료가 반 정도 절약된다는 것이다. 전기 자동차는 더욱 좋을 것이다. 전기 자동차는 휘발유 자동차보다 효율이 높다. 따라서 발전소에서 공급되는 전기가 효율적이라면(만일 전기를 태양 전지에서 얻는다면) 자동차로 이동하는 데 필요한 에너지를 크게 줄일 수 있다. 항공 산업을 예로 들면, 미국 보잉사의 새로운 비행기 '보잉 787 드림라이너'는 기존의 비행기보다 연료가 20~25% 적게 든다

2 '송전 선로'는 전기가 분배되는 전체 시스템을 의미한다. 다른 말로 하면, 전기를 생산하는 발전소와 전기를 사용하는 장소까지 전기를 연결하는 전선의 연결망이다.

3 미래의 기술을 보면, 조명은 더욱 효율이 높아진다. 2016년 1월 MIT 연구원들은 원리적으로 LED보다 효율이 2배 정도 우수한 전구 개발이 가능하다고 했다. 그것은 백열등과 나노 기술의 결합으로 이루어진 기술을 사용하면 가능하다고 발표했다.

고 한다.

전체적으로 보면, 에너지 효율 향상은 전통적인 '쉬운 결정'처럼 보인다. 즉 에너지 소비는 줄이면서 에너지로부터 얻는 이득은 같게 된다는 것이다. 게다가 이것은 전체 에너지 사용의 감소를 가져오기 때문에 비록 우리가 화석 연료를 계속 사용한다고 해도 지구 온난화를 감소시키는 데 큰 도움이 된다. 하지만, 앞서 논의했듯이, 나는 화석 연료의 사용을 줄이는 것만으로는 부족하다고 생각한다. 우리는 화석 연료와 완전히 단절해야 한다. 에너지 효율 향상이라는 한 가지 해법만으로는 지구 온난화를 막을 수 없다. 특히 개발도상국의 에너지 수요 증가를 보면 더욱 그렇다. 이제 이 점을 명심하면서, 화석 연료를 대신할 다른 에너지 자원에 주목해 보자.

화석 연료를 신재생 에너지로 대체할 수 있을까?

화석 연료를 대체할 수 있는 가장 인기 있는 에너지 자원은 풍력, 태양광, 지열, 수력 그리고 바이오 연료와 같은 신재생 에너지이다. 하지만 이 기술 또한 완벽하지는 않다. 예를 들면, 태양 전지판을 생산할 때 독성 화학 물질이 나오고, 풍력 터빈은 날아다니는 새를 죽이고, 수력 발전용 댐은 강 인근의 생태계를 파괴한다. 하지만 신재생 에너지는 전기를 생산할 때 온실가스를 방출하지는 않는다. 신재생 에너지에 대한 논쟁의 주요 안건은 '현실적인 전기 수요를 얼마나 공급할 수 있는가'와 '전기 가격의 경쟁력'이다.

신재생 에너지의 에너지 공급 잠재력을 고려할 때 가장 쉬운 방식은 현재 전 세계 전기 에너지 수요를 고려하는 것이다. 현재 세계 에너지 수요는 15테라와트(15조 와트)[4]이다. 하지만 풍력은 전체 전기 에너지 수요의 10배 정도의 에너지를 생산할 수 있다. 우리가 풍력 발전소를 세울 수 있는 모든 장소를 고려한다면, 약 20테라와트의 전기 에너지를 풍력 발전에서 얻을

4 당신은 테라와트의 단위를 몰라도 된다. 하지만 1테라와트가 전기 에너지의 단위라는 점은 기억해야 한다. 1와트는 1줄의 에너지를 1초 동안 사용하는 것이다. 1W=1J/s. 따라서 15테라와트는 1초 동안 15테라줄의 에너지를 사용하는 양이다. 이해를 돕기 위해 다른 에너지원과 비교해 보자. 만일 이 에너지 크기를 모두 휘발유에서 얻는다고 하면, 이 전기 에너지를 얻기 위해 초당 115,000갤런 또는 435,000리터의 휘발유를 태워야 한다.

수 있다. 원리적으로는 풍력 발전만으로도 지구 전체의 전기 에너지 수요를 공급할 수 있다는 것이다. 태양 에너지의 잠재력은 이보다 더 크다. 태양에서 지구로 도달하는 복사 에너지는 현재 지구의 전체 전기 에너지 수요의 20,000배이다. 하지만 우리가 필요로 하는 에너지를 신재생 에너지로 공급할 수 있는지에 대한 현실적 문제 때문에 여전히 논쟁 중이다. 가장 두드러진 문제점은 신재생 에너지는 에너지 공급이 시간상으로 일정하지 않다는 것이다. 예를 들면, 태양 전지는 햇빛이 있을 때만 전기를 생산하고, 풍력은 적당한 바람이 있을 때만 전기를 생산한다는 점이다. 하지만 현재 우리의 전력 계통은 이런 일정하지 않은 전기 생산 시스템에 적합하지 않다. 새로운 배터리(또는 에너지 저장 장치) 기술이 이 문제를 해결할지도 모르겠다. 하지만 아직 누구도 확실한 해답을 제공하지는 못하고 있다.

두 번째 가격 경쟁력에 관해서는 현재 많은 논쟁이 있다. 하지만, 뒤에 간단히 설명하겠지만, 내 개인적 의견으로는 가격 경쟁력 논쟁은 의미가 없다고 본다. 왜냐하면 현재의 화석 연료 가격은 우리가 지불하고 있는 것보다 실제로 매우 높기 때문이다. 그래서 나는 신재생 에너지는 이미 가격 경쟁력을 갖고 있다고 믿는다. 이제 남은 의문점은 신재생 에너지의 잠재력을 잘 활용하여 과연 현재 우리가 지나치게 의존하고 있는 화석 연료 사용을 끝낼 수 있느냐는 것이다. 이 의문에 대한 나의 답은 '가능하다'는 것이다. 하지만 신재생 에너지의 미래에 확신을 하기 전에 다른 기술도 지속해서 탐색해 보기로 하자. 다음 기술은 원자력 발전이다.

새로운 원자력 발전소가 필요한가?

이 질문에 답하기 전에, 원자력 발전과 관련된 이슈들을 생각해보자. 먼저 원자력의 긍정적 부분부터 논의할 것이다. 원자력 발전은 온실가스를 방출하지 않는다. 게다가 이미 세계 전역에서 전기의 상당 부분이 원자력으로 공급되고 있다. 어떤 나라(대표적으로 프랑스)는 전기의 주요 공급이 원자력 발전이다. 이런 과거의 경험에 비추어볼 때, 원자력 발전이 화석 연료 발전을 대체할 수 있다는 데는 의심의 여지가 없다. 게다가 신재생 에너지와 에너지 효율이 함께 결합하면 더욱 확실하게 화석 연료와 작별할 수 있다. 하지만 원자력 발전도 신재생과 마찬가지로 가격 경쟁력에 대한 논란이 따르고 있다. 그러나 앞서 신재생 에너지의 가격 경쟁력과 마찬가지로 화석 연료의 실제 가격을 고려한다면, 원자력 발전은 화석 연료 발전보다 비용이 적게 든다.

물론, 원자력 발전에는 우리가 잘 아는 몇 가지 약점이 있다. 대표적으로 미국 스리마일섬 원자력 발전소 사고와 러시아 체르노빌 원자력 발전소 사고 그리고 일본의 후쿠시마 제1 원자력 발전소 사고를 알고 있다. 또한 원자력 폐기물 문제와 원자력 방사성 물질을 탈취하려는 테러 세력의 위협이다. 따라서 핵심은 미래의 원자력 발전이 이런 단점을 극복할 수 있느냐에 달려 있다. 이 의문에 대하여 확신할 수는 없지만, 낙관적인 관점을 가질 만한 이유가 몇 가지 있다.

우선 원자력 발전의 안전에 대해 생각해보자. 모든 사고를 완벽하게 방지할 방법은 없다. 우리는 어떤 종류의 사고가 발생했을 때 그것의 위험도를 고려해야 한다. 오늘날 원자력 발전의 주요한 위험 요인은 원자력의 방사능 원료가 과열되지 않도록 하는 냉각 시스템이다. 소위 말하는 '능동적 냉각active cooling' 시스템이라는 것이다. 이것이 의미하는 것은 냉각 시스템이 작동하지 않는 사고가 발생하면, 원자로가 녹아 내리고, 방사성 물질이 방출된다는 것이다. 하지만 새로운 원자로 반응기가 '수동적 냉각passive cooling' 시스템으로 기술이 발전되면(원자로 연료봉이 소금과 섞여 있으면, 원자로 온도가 올라갈 때 소금이 팽창해서 원자로 내에서 원자핵 분열의 속도를 늦출 수 있다) 그런 유사한 상황에서 자동으로 발전소의 전원이 차단되기 때문에 심각한 사고를 방지할 수 있게 된다. 이런 공학적 개선으로 인하여 미래의 원자력 발전소는 과거의 원자력 발전소보다 훨씬 안전할 것이다.[5]

이제 방사성 폐기물 이슈를 다루어보자. 방사성 폐기물은 수만 년 동안 위험한 상태로 남아 있기 때문에 우리가 그것을 어떤 우연한 사고에도 방출되지 않도록 안전하게 보관하지 못하면 후손에게 위험을 남기는 것이

5 이 주제에 대한 좀 더 깊이 있는 자료는 2013년에 만들어진 다큐멘터리 〈판도라의 약속〉(환경운동가의 원전 찬성 과정을 그린 다큐)을 추천한다.

된다. 방사성 폐기물을 오랜 기간 안전하게 보관하는 것은 매우 어려운 도전 과제이다. 하지만, 두 가지의 핵심적인 해결 목표 지점은 있다. 하나는 새로운 원자로 설계의 안전을 높이는 방안으로 심각하게 고려하는 것인데, 현존하는 방사성 폐기물을 덜 위험한 물질로 '재가공'하는 것이다. 대부분의 원자력 발전 지지자들은 이런 새로운 원자로 설계가 가능하면 방사성 폐기물 문제는 해결될 것으로 확신한다. 두 번째는 완전한 해결책은 아니지만, 방사성 폐기물은 폐기물 저장소 인근 지역만 위험하다는 것이다. 따라서 멀리 떨어진 대부분의 사람에게는 전혀 위험하지 않다는 것이다. 사실 이런 생각이 바람직하지는 않지만, 지구 온난화가 지구 전체의 인간에게 미치는 위협에 비하면 나은 선택이다.

원자력 발전에서 문제가 되는 세 가지 이슈 중에서 가장 어려운 문제는 테러리스트의 방사성 물질 획득이다. 왜냐하면 원자력 발전이 성장할수록, 방사성 물질 유통은 전 세계적으로 확대될 것이기 때문이다. 하지만 우리는 이것의 위험을 감소시키는 기술을 가지고 있다. 예를 들면, 방사성 폐기물을 재가공하여 방사성 물질의 양을 많이 감소시켜 원자 폭탄을 만들기에는 부적합한 방사성 폐기물로 만드는 기술이다.

이런 문제 이외에도 원자력 발전소와 우라늄 공급을 잘 지키는 것이 어려운 일이라고 하지만, 현재까지 중요한 설비들과 원자력 발전소 지역을 안전하게 성공적으로 지키고 있다.

사려 깊은 사람들은 앞에서 언급한 모든 이슈를 다 고려하고도, 원자력 발전소를 더 짓는 문제에 대해서는 반대 입장을 취하고 있다. 사실 나도 몇 년 동안 이 문제로 매우 고민을 했다. 하지만, 이제 나는 원자력 발전에 '찬성'한다. 왜냐하면 지구 온난화 문제를 해결할 수 있는 화석 연료 의존성을 줄이기에는 앞서 언급한 에너지 효율 향상과 신재생 에너지 두 가지 결합만으로는 부족하다고 확신했기 때문이다. 특히 신재생 발전(풍력과 태양광 발전)은 새로운 전력 공급원도 아니고, 기존의 전력계통선을 관리하는 방식을 바꾸어야 가능하기 때문이다. 나는 신재생 에너지로 전력 공급이 완전히 바뀌는 데 적어도 수십 년이 걸릴 것으로 믿는다.

그와 반대로, 만일 우리가 충분한 투자와 노력을 투입하면, 기존의 화력 발전을 원자력 발전으로 빠르게 대체할 수 있다. 게다가 기존의 전력계통선도 그대로 이용할 수 있게 된다. 얼마나 빨리 화력 발전소를 원자력 발전소로 전환할 수 있을지는 논쟁의 여지가 있지만, 나는 이 문제가 이렇게 빠른 전환을 고려해야 할 정도로 매우 중요한 문제인지를 사람들이 알았으면 한다. 예를 들면, 제2차 세계대전 이후 얼마나 빠르게 미국이 산업사회로 변했는지를 돌아보면, 나는 원자력 발전과 신재생 에너지가 화력 발전을 완전히 대체하는 데 대략 10년 정도면 가능하다고 생각한다.

물론 우리 모두를 위해 원자력의 안전은 심각하게 고려되어야 한다. 하지만, 내가 결정권이 있다면, 나는 원자력 발전을 즉각 최대한으로 추진하고, 한편으로는 신재생 에너지와 에너지 효율 향상을 지속해서 추진하겠다.

화석 연료에 대한 의존에서 탈피할 수 있는 기술을 가지고 있는가?

앞서 이야기했듯이, 우리가 화석 연료에서 벗어날 수 있는 기술을 이미 가지고 있다는 것은 분명하다. 에너지 효율 향상이 어느 정도 역할을 담당할 것이고, 신재생 에너지와 원자력 발전이 나머지 전력 부분을 담당할 것이다. 이런 에너지 전환이 쉽다고 말할 수는 없지만, 충분히 할 수 있다고 생각한다.

이제 남은 한 가지 질문은 과연 이런 에너지 전환이 미국에서만 가능한지, 아니면 전 세계적으로 가능한지에 대한 의문이다. 왜냐하면 앞서 이야기한 새로운 에너지 전환은 비용이 많이 들기 때문이다. 따라서 이 주제에 대해서도 많은 논쟁이 있다는 것을 이미 들었을 것이다. 그래서 이 문제에 대해 좀 더 상세히 설명하고자 한다. 간단히 말해서, 나는 시장 경제의 힘을 믿는 사람이다. 만일 미국이 화석 연료가 아닌 다른 에너지원으로 투자를 먼저 시작한다면, 시장은 새로운 기술에 따른 에너지원의 가격을 싼 값으로 책정할 것이다. 이런 상황이 되면, 전 세계는 미국에서 형성된 시장 가격을 받아들이게 될 것이다. 게다가 미국의 관점에서 보면, 전 세계는 미국의 기술을 구입할 것이고, 이것은 미국 경제에도 도움이 되고 다른 국가들 또한 이 기술에서 많은 이득을 얻을 것이다.

Q 왜 화력 발전소에서 배출되는 이산화탄소를 땅속에 매립하는 '청정 석탄 기술'을 추천하지 않는가?

소위 말하는 '청정 화력 발전'의 지지자들은 만일 우리가 석탄 화력 발전소에서 방출하는 이산화탄소를 분리하여 적절한 장소에 '파묻기만' 하면, 지구 온난화를 걱정하지 않고 석탄을 계속 사용할 수 있게 될 것이라고 주장한다. 기술적으로 이것은 이미 증명이 된 기술이다. 하지만 실제로 적용 가능한지에 대한 평가는 아직 미지수다. 나는 이 문제에 대해서는 전통적인 경제 관점에서 큰 걱정거리라고 본다. 왜냐하면 화력 발전소 굴뚝에서 나오는 이산화탄소를 잡아서 땅속에 파묻는 것보다는 그대로 대기로 방출하는 것이 비용이 적게 들기 때문이다. 따라서 발전소 운영자 입장에서는 이산화탄소를 분리해서 파묻기보다는 그대로 몰래 버리는 게 이익이라는 경제적 동기를 무시하기 어려울 것이다. 부유한 나라에서는 이런 속임수를 강력한 행정 규제로 감시할 수 있지만, 인도나 중국 같은 개발도상국에서도 같은 수준의 강력한 규제가 통할 거라고 예상하기는 어렵다. 개인적인 의견으로는, 모든 나라가 함께 화석 연료를 사용하지 않는 해결책으로 나아가야 한다고 생각한다. 나는 이산화탄소 격리 연구가 지속되기를 바라지만, 이 기술이 나를 놀라게 할 정도로 경제적으로 타당한지는 아직 의문이다.

Q 셰일 가스나 천연가스를 미래 에너지의 연결다리로 사용하는 것은 어떤가?

천연가스를 선호하는 사람들의 주장으로는 천연가스는 연소할 때 석탄이나 석유보다 이산화탄소를 적게 방출한다는 것이다. 그런 의미에서, 석탄이나 석유 대신 천연가스를 사용하고, 그것이 효율적인 에너지 향상 설비와 함께 사용된다면 화석 연료의 사용량을 전체적으로 감소시키는 데 큰 도움이 될 것이다. 하지만 여기에도 두 가지 반대 주장이 있다. 첫째로, 천연가스의 주성분은 메탄가스인데, 메탄가스는 이산화탄소보다 강력한 온실가스라는 점이다. 그 때문에 천연가스를 채굴하는 과정에서 약간의 누출이라도 발생하면 천연가스를 사용함으로써 얻은 온실 효과 감소가 상쇄된다는 것이다.[6] 다른 말로 하면, 천연가스가 대기로 누출되는 것을 최소화할 수 없다면, 석탄이나 석유보다 좋은 선택이 아니라는 것이다. 둘째로, 지구 온난화의 확실한 해결책은 이산화탄소의 배출을 감소시키는 것이 아니라 완전히 멈추게 하는 것이다. 천연가스는 같은 에너지를 얻을 때 석탄이나 석유보다 이산화탄소가 적게 방출이 되지만, 어쨌든 적은 양이라도 이산화탄소를 배출한다는 것이다. 따라서 천연가스를 사용하는 것이 지구 온난화를 느리게 하는 데 도움은 되지만, 결코 최종적인 해결책이 되지는 않는다.

나는 천연가스와 관련된 이런 문제들에서 불편함을 느끼고 있기 때문에, 신재생 에너지와 원자력 발전에 모두 집중해야 한다고 생각한다. 왜냐하면 이런 기술은 온실가스를 전혀 배출하지 않기 때문이다. 게다가 기존의 석탄 발전을 천연가스 발전으로 전환하기 위해서는 엄청난 투자를 통해서 여러 시설을 바꾸어야 하는데, 이 기간이 수십 년 걸린다는 점도 고려해야 한다.

미래 에너지 기술

앞서 언급한 현존하는 기술만으로도 지구 온난화 문제를 해결할 수 있지만, 과학자들과 공학자들은 전혀 다른 차원의 기술을 연구하고 있다. 이것은 엄청난 잠재력을 가진 기술들인데 그중에서 내가 가장 바람직하다고 여기는 몇 가지 기술을 소개하고자 한다. 핵융합, 우주에서의 태양광 발전, 미생물에 기반한 바이오 연료가 그것이다.

핵융합 기술이 왜 가치가 있다고 생각하는가?

현존하는 모든 원자력 발전은 핵분열을 바탕으로 하며, 우라늄, 플루토늄과 같은 무거운 물질의 분열 과정을 통하여 에너지를 얻는다. 이와 반대로, 태양과 별은 —수소폭탄— 핵융합에서 에너지를 얻는다. 이 과정에서 수소 원자는 융합이 되어 헬륨이 된다. 핵융합에 필요한 에너지원은 수소인데 우리는 물에서 수소를 얻을 수 있다. 핵융합 과정에서 발생하는 생성물은 헬륨인데, 헬륨은 우리에게 전혀 해롭지 않으며 유용한 물질이다. 따라서

6 혹시 혼란이 있을 것 같아서 좀 더 자세히 설명하자면, 천연가스를 연소할 때 주성분인 메탄은 산소와 반응하여 이산화탄소를 방출한다. 따라서 천연가스를 연소할 때는 이산화탄소만 발생하게 된다. 여기서 내가 염려하는 것은 천연가스가 연소하기 전에 채굴, 수송, 저장 과정에서 대기로 누출된다는 것이다.

핵분열에서 발생하는 골치 아픈 방사성 물질은 생성되지 않는다. 핵융합을 공학적으로 상세히 고려할 때 약간의 방사성 물질이 생성될 가능성은 있지만, 핵융합은 현재까지 우리가 아는 어떤 에너지원보다도 풍부하고, 안전하고, 깨끗하다.

이제 핵융합 에너지의 자원이 얼마나 풍부한지에 대한 퀴즈를 하나 내겠다. 〈그림 4.1〉의 질문에 답하라. 만일 당신이 내가 가르치고 있는 학생들과 비슷한 수준이라면, 아마도 A에서 D를 선택했을 것이다. 왜냐하면 E는 불가능한 답이라고 생각했을 것이기 때문이다. 하지만 놀랍게도 정답은 E이다. 즉 미국 시민 전체가 사용할 수 있는 에너지를 그 정도의 물에서 얻을 수 있다는 것이다. 우리가 핵융합 기술을 성공시킨다면, 부엌에서 쓰는 정도의 물만 가지고도 충분한 에너지를 얻을 수 있기 때문에 원유를 채굴하기 위해 드릴로 지하를 뚫고 들어가거나, 석탄을 캐기 위해 땅속을 파고, 강을 막아서 댐을 건설할 필요가 없게 된다. 게다가 원자력 발전소 모두를 폐쇄하고, 풍력 발전 터빈을 멈춰도 된다. 이제 우리 집 부엌에서 쓰는 정도의 물에서 얻어진 수소로 핵융합에 성공하기만 한다면, 미국 전체가 필요로 하는 엄청난 양의 에너지를 공급할 수 있게 될 것이다.[7]

위에 언급한 믿을 수 없을 만한 정도의 핵융합 잠재력을 알게 되면, 누구나 왜 이 기술이 실현되지 못하는지에 대하여 궁금해 할 것이다. 답은 아주 간단하다. 수십 년간의 노력에도 불구하고, 아직 상업적 규모의 핵융합을 실현할 기술을 가지고 있지 않다는 것이다. 하지만 연구자들이 지속해서 연구하고 있기 때문에, 더 많은 자원과 인력을 투입한다면 상업적 실현의 시기는 앞당겨질 것이다. 물론 성공한다는 확신은 없다. 하지만 만일 내가 이 일을 맡게 된다면, 나는 이것을 '맨해튼 프로젝트' 수준으로, 핵융합

7 이 계산은 물속에 있는 모든 수소가 태양 내부에서 일어나고 있는 수소 융합 반응처럼 우리의 상업적 규모의 융합 장치에서도 성공한다는 가정하에서 이루어졌다. 실제로, 핵융합 연구자들은 수소의 동위 원소로 알려진 중수소(deuterium)를 사용하는데, 이것은 수소 원자 6,400개 중에 하나꼴로 존재한다. 그 때문에 실제로는 부엌의 흐르는 물 대신에 작은 개울물 정도가 필요할지도 모른다. 또는 수소 대신 헬륨-3을 원료로 사용하는 것이 핵융합에 쉬운 일일지도 모른다. (헬륨은 주로 헬륨-4로 존재한다). 하지만 헬륨-3은 지구에는 존재하지 않지만, 달에는 많이 존재하고 있다. 그래서 경제적 이득을 기대하며 다시 달 탐사를 하고 있다.

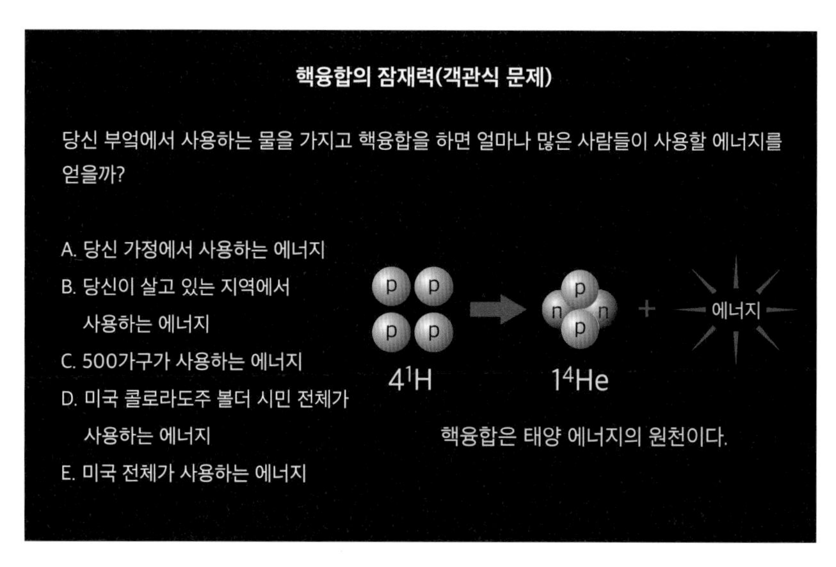

그림 4.1 핵융합의 잠재력에 대한 문제에 답을 하시오. 만일 우리가 핵융합에 대한 상업적 규모의 설비가 가능하다면, 당신의 부엌에서 사용하는 물을 가지고 얼마나 많은 에너지를 생산하는지 답해 보자.

연구의 중요성을 올려놓을 것이다. 왜냐하면 우리가 앞서 논의한 기술들에 비하면 이 연구에는 아직 큰 투자를 하고 있지 않기 때문이다. 이 기술이 성공한다면, 지구 온난화 문제의 해결뿐만 아니라, 우리가 오늘날 사용하고 있는 에너지보다 더 많은 에너지를 만들 수 있는 능력을 갖추게 될 것이다.

우주에서 태양 에너지를 얻는다는 것은 무슨 의미인가?

앞서 논의했듯이, 태양 에너지의 가장 큰 단점은 태양 복사가 연속적이지 않다는 것이다. 즉 낮에만 에너지를 얻을 수 있고, 흐린 날에는 에너지를 얻을 수 없다는 점이다. 하지만 지구 밖 우주에는 구름이 없다. 만일 당신이 높은 우주 궤도에 태양 전지판을 설치할 수 있다면, 구름이나 밤이 오는 것을 걱정하지 않아도 된다. 그래서 우리의 화석 에너지 문제와 지구 온난화 문제를 동시에 해결할 수 있는 해결책으로 지구의 높은 궤도(〈그림 4.2〉)에 태양 전지판을 설치하자는 아이디어가 나왔다.

우주에 펼쳐진 태양 전지판은 태양 빛을 흡수하고, 얻어진 전기는 지구에 있는 수신센터로 전기 빔 형태로 보내진다.

태양 전지판을 우주 궤도에 안착시키기 위해서는 비용이 많이 들겠지만, 우리가 상상하는 것만큼 비싸지는 않다. 우리가 우주에 설치하고자 하는 '태양 전지판'은 우리가 사용하는 플라스틱 랩만큼 얇은 것이다. 따라서 엄청난 넓이의 태양 전지판을 가벼운 실패에 감아서 우주에서 쉽게 펼칠 수 있다. 이런 얇고 가벼운 태양 전지판은 기존 로켓으로 발사가 가능하다. 게다가 한 번 우주에 설치된 태양 전지판은 수십 년 동안 사용할 수 있다. 인류가 수십 년간 사용하는 데 필요한 전기를 우주에 설치된 태양 전지판으로 얻는 데 필요한 전체 비용은, 현재 우리가 매년 에너지 구입에 소비하는 비용과 비슷하다.

우주에서 태양 전지판을 설치하여 전기를 얻는 데 필요한 기술에서 가장 어려운 점은 지구로 전기 에너지를 전달하는 것이다. 우주에서 보내는 전자

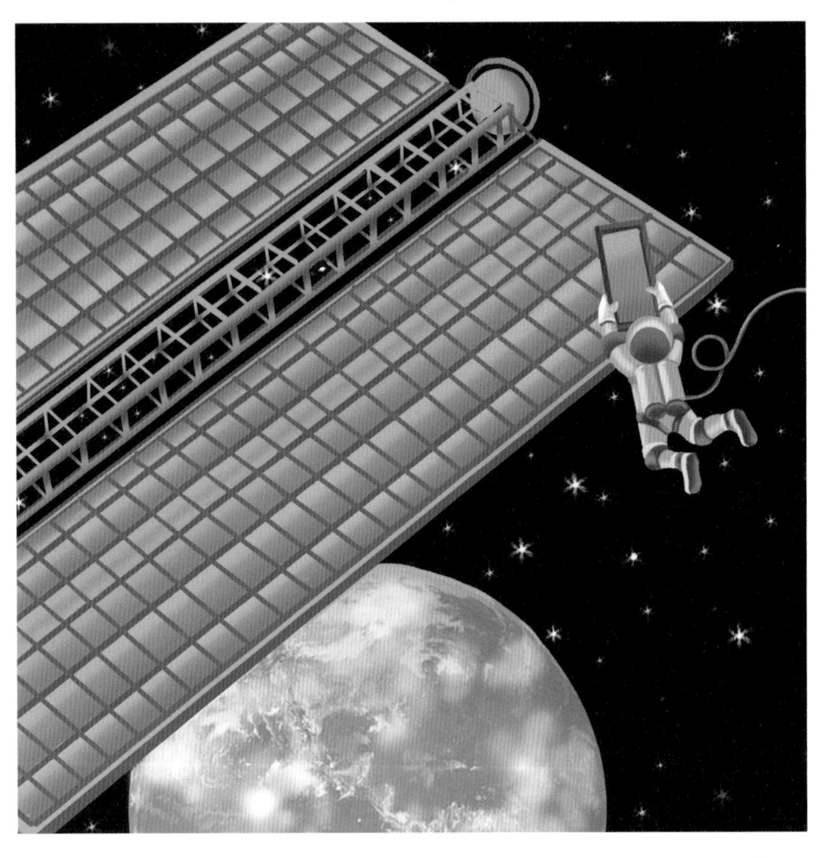

그림 4.2 우주에 설치된 태양 전지판에서 우주인이 작업하는 모습이다. 태양 전지판에서 얻어진 전기는 전자 빔의 형태로 지구로 전달된다.

빔을 지구의 특정한 여러 장소에서 받고, 이것을 하나로 통합하여 기존의 전력계통선으로 보내는 기술이다. 이런 기술이 불가능한 것은 아니다. 게다가 이 기술을 강력하게 지지하는 사람들은 지금의 기술로도 어느 정도는 가능하기 때문에 지금부터 구체적인 실행을 시작해야 한다고 주장한다. 이런 희망적인 기술에 대하여 더 자세히 알고 싶은 사람은 미국 에너지부 웹사이트(energy.gov/articles/space-based-solar-power)를 참조하기를 바란다.

미생물로 만들어지는 바이오 연료는 무엇인가?

바이오 연료는 식물이나 다른 살아 있는 유기물에서 만들어지는 연료이다. 가장 잘 알려진 바이오 연료는 에탄올인데, 옥수수에서 얻어진다. 하지만 옥수수는 재배할 때 너무 많은 에너지를 소비한다는 문제가 있다. 또한 에탄올을 만들기 위해 옥수수를 재배하는 땅에서는 인간에게 필요한 식량이 되는 작물을 재배할 수 없게 된다. 그러나 해조류나 생물 공학적 유기체와 같은 미생물에서 얻어지는 바이오 연료는 잠재력이 크다.

미생물을 기초로 하는 바이오 연료는 지구 온난화를 멈추게 할 수 있는 잠재력을 가지고 있다. 왜냐하면 바이오 연료 역시 연소할 때 이산화탄소를 배출하지만, 미생물이 바로 이런 이산화탄소를 먹으면서 자라기 때문이다. 따라서 미생물을 이용한 바이오 연료 생산 과정에서 에너지가 적게 사용된다면, 이는 바이오 연료를 연소할 때 배출되는 이산화탄소를 성장하는 미생물이 그대로 흡수하기 때문이다. 우리는 이것을 '탄소 중립성'이라 부른다. 실제로, 몇몇 연구자들은 대기권의 이산화탄소 농도를 낮추는 바이오 연료를 개발하고 있다. (미생물이 이산화탄소를 흡수하고, 이것을 다시 광물질로 변환시키는데, 이런 과정을 거치게 되면 대기권에 있던 이산화탄소는 광물질에 영원히 흡수된다.) 이런 기술이 가능하게 되면 대기권의 이산화탄소는 증가가 아니라 감소하게 된다. 게다가 바이오 연료는 자동차나 비행기 연료로 바로 사용이 가능하다는 장점이 있다. 다른 에너지원은 중앙 관리되는 전력계통선과의 연계라는 문제점이 항상 있기 때문이다. 따라서 바이오 연료는 핵융합이나 우주에서의 태양 전지 기술이 성공적으로 이루어진다 해도, 여전히 그 중요성은 계속 유지된다.

아마도 미생물을 기초로 하는 바이오 연료에 대한 가장 좋은 소식은 그것들이 이미 우리 주위에 존재한다는 것이다. 예를 들면, 해조류에서 얻어진 바이오 연료는 상업적 항공기나 미 해군 선박에서 이미 성공적으로 실험을 끝냈기 때문이다. 전체적인 관점에서 바이오 연료에 대한 논쟁은 아직도 진행 중이지만, 바이오 연료가 미래 에너지의 공급 부문에 중요할 것이란 점에서는 의심의 여지가 없다.

앞서 이야기한 바이오 연료, 우주에서의 태양 전지 설치 그리고 핵융합은 개인적으로 내가 가장 바람직하다고 여기는 미래 에너지다. 지금도 많은 사람들이 새로운 에너지 기술을 연구하고 있다. 이런 상황은 나에게 다음과 같은 점을 다시 상기시켜 주고 있다. 우리가 마음을 다한다면, 현재 우리 기술로는 불가능한 문제들을 해결할 수 있을 뿐만 아니라 인류 전체를 위하여 더 나은, 그리고 더 밝은 미래를 만들 수 있을 것이다.

지구공학이란 무엇인가?

지금부터 수십 년 전에는, 점점 더 더워지고 있는 지구 문제를 해결할 만한 기술이 존재하지 않았다. 그때 무슨 일이 있었나? 지구 온난화를 해결할 가능성이 거의 없는 상황에서 몇몇 연구자들은 지구공학geoengineering이라는 아이디어를 심사숙고해서 생각해냈다. 지구공학은 지구의 기후를 바꾸기 위해 지구 온난화의 반대 방향으로 영향을 미치는 방법을 찾는 것이다. 예를 들면, 몇몇 연구자들은 태양에서 오는 빛을 반사할 목적으로 우주에서 작은 에어로졸을 뿌리는 아이디어를 주장한다. 또는 우주에 거대한 그림자를 만드는 반사판을 설치하는 것이다. 비록 나도 이런 연구를 지지하고는 있지만, 지구 온난화를 해결하는 방법이라고 생각하지는 않는다. 이유는 간단하다. 지구 온난화 방지를 위한 이런 '처방전'은 문제를 해결하기보다는 더 나쁜 일이 생기게 될 것이라고 확신하기 때문이다.

내가 이 방법에 비관적인 이유는 앞서 제시된 지구공학 방법이 대기권으로 방출되는 이산화탄소를 감축하는 방식은 아니기 때문이다. 지구공학 기술은 세 가지 결점이 있다. 첫째, 그 기술은 이산화탄소의 농도가 계속 증가하도록 내버려 둔다. 따라서 해양의 산성화 문제를 해결하지 못한다. 앞서 논의했듯이, 해양 산성화는 지구 온난화의 다른 영향만큼이나 심각한 일이다. 둘째로, 대부분의 지구공학 기술은 지속적인 유지 보수를 요구한다. 예를 들면, 에어로졸을 뿌리는 아이디어는 비가 올 경우에는 씻겨 나가기 때문에 주기적으로 에어로졸을 뿌려주어야만 한다. 또한 우주에 대형 그림자를 만드는 반사판은 주기적인 궤도 수정이 필요하다. 만일 이러한 주기적이고 적극적인 유지 보수가 실패한다면—지금부터 혹은 백 년 후에—지구 온난화는 다시 심각해질 것이며, 그동안 우리는 계속 이산화탄소를 방출할 것이기 때문에 지구 온난화는 더욱 심화할 것이다. 세 번째는, 이런 방식의 지구공학은 현재는 존재하고 있지 않은 인공적인 요인을 지구 기후에 도입하는 것이기 때문에 현재의 기후 모델을 사용하기가 어렵다. 결론적으로 이 기술에 대한 모든 영향을 파악하는 것이 어렵기 때문에, 비록 이 기술이 지구의 온도 상승을 막는 데 성공했다고 할지라도, 이것이 지역적으로 엄청난 기후 파괴를 가져올지도 모른다는 두려움을 피할 수는 없다.

내가 언급하지 않은 하나의 예외적인 지구공학 기술이 있다. 대기권의 이산화탄소를 직접적으로 감소시키는 기술이다. 대기권에서 이산화탄소를 흡수하여 이것을 기술적으로 처리하여 바위나 다른 형태의 고체에 저장하는 기술들이 현재 연구 중이다. 우리가 대기권으로 방출하는 이산화탄소의 양보다 더 많은 양의 이산화탄소를 흡수하는 이런 기술을 성공시킨다면, 이것은 지구 온난화의 문제를 해결하는 가장 실질적인 해결책이 될 것이라 생각한다. 아울러 이 기술은 지구 온난화로 지구가 받은 손실을 어느 정도 되돌릴 수 있다고 예상된다. 따라서 나는 이런 기술에 관한 연구가 매우 중요하며, 우리가 어느 정도 이 기술을 사용할 수 있는 단계가 되면 바로 실행에 옮겨야 한다고 생각한다.[8]

8 물론 이런 기술은 세심한 주의가 필요하다. 이런 기술은 조절하기가 쉬워야 하기 때문이다. 만일 기술적 조절이 쉽지 않다면, 너무 많은 이산화탄소가 대기권에서 제거되어서 지구는 다시 빙하 시대로 되돌아갈 위험에 처할 수도 있기 때문이다.

Q 만일 지구공학이 지구 온난화의 방향을 반대로 바꾼다면, 지구공학이 완성될 때까지 우리는 손 놓고 기다려야 하나?

의학적 방법에 비유해 보자. 당신이 불치병에 걸려 있고, 의사들이 그 해결책에 대하여 연구를 하고 있다고 하자. 하지만 만일 당신이 담배를 끊고, 건강한 식단을 유지한다면 병의 진행 속도를 늦출 수 있다고 하자. 당신은 죽기 전에 기적의 치료법이 개발될 것이라는 희망을 품고 담배를 피우고 아무 음식이나 먹을 것인가? 분명히 그렇게 하지 않을 것이다. 같은 의미에서, 우리가 해법을 찾을 때까지 아무 노력 없이 지구 온난화 문제를 방치할 것인가? 이 문제가 더 나빠지지 않도록 미리 조치를 취할수록, 미래의 처방전은 성공할 확률이 높아진다. 우리는 의사들이 하는 처방에서 배워야 한다. 일단 지혈부터 하자.

해결책의 장애물들

나는 지구 온난화 문제를 해결할 방법들이 이미 존재한다는 점을 확신시켰다. 그리고 미래에는 더 좋은 기술이 나타날 것이라고도 했다. 그럼에도 우리를 막고 있는 장애물은 무엇인가?

이 질문에 대한 확실한 답은 바로 화석 연료의 가격이다. 기업으로서는 화석 연료로부터 생산되는 에너지가 다른 에너지 기술에서 생산되는 에너지보다 저렴하므로 더 선호할 수밖에 없다. 이 사실은 지금 내가 이 책을 쓰고 있는 2016년에는 맞는 말이다. 왜냐하면 2016년이 최근 몇 년간 유례가 없을 정도로 원유 가격이 바닥을 친 해였기 때문이다. 하지만 한 가지 빠트린 것이 있다. '사회적 비용'을 고려하면 화석 연료는 결코 값싼 에너지가 아니다. 화석 연료를 사용하게 되면 개인보다는 사회적으로 화석 연료 사용과 연관된 큰 비용을 지급해야 하기 때문이다.

경제학에서는 이 비용을 '외부 효과'라고 부른다. 이러한 사회적 비용은 우리가 지불하는 실제 가격에는 포함되어 있지 않기 때문이다. 하지만 나는 이 점을 다르게 고려하고 싶다. 나는 현재의 에너지 경제는 본질적으로 '사회주의'라고 주장하고 싶다. 에너지 가격을 사회주의적 방식으로 조정하는 것은 의료 비용과 다른 비용들을 사회주의적으로 조정하고 있는 사회주의 국가의 경제 시스템과 별 차이가 없다고 생각한다. 당신이 이 문제를 잘 이해할 수 있도록 다음 질문부터 시작하자.

만일 현재 에너지 요금에 사회적 비용까지 고려한다면, 사람들은 동의할까?

나는 에너지의 '사회적' 비용을 언급할 것이다. 이 비용은 에너지를 사용하는 개인이 아니라 우리 사회가 만들어 내는 실제 비용을 의미한다. 그런 비용의 예는 많이 있다. 어떤 것들은 쉽게 정량화할 수 있기 때문에 논쟁의 여지가 없다. 나는 여기서 대부분의 사람이 동의할 수 있는 세 가지 영역의 사회적 비용을 논하고자 한다. 1) 화석 연료 사용에 따른 환경 오염으로 발생하는 건강 비용, 2) 화석 연료(주로 원유)의 안전한 수송을 위한 군사적 비용, 3) 화석 연료 기업에 제공하고 있는 정부 보조금과 세금 감면 비용.

먼저 건강 비용부터 시작하자. 화석 연료가 연소할 때, 이산화탄소만 배출되는 것이 아니라 많은 오염 물질들이 동시에 배출된다. 이런 오염 물질들은 대기와 수질을 오염시킨다. 따라서 오염 물질은 화석 연료 가격에 포함되어야 한다. 건강 비용은 사회가 지불하는 세금, 건강 보험, 그리고 몇 가지 추가적인 건강 비용으로 충당된다. 예를 들면, 2010년 미국 과학 아카데미는 대기 오염에 따른 건강 관리에 투입된 직접 비용이 매년 약 1,200억 달러라고 추산했다. 여기서 언급한 '직접 비용'은 실제로 병원에 지급된 비용이나 직장 생활이 불가능함에 따른 지원금이다. 하지만, 이런 직접 비용 이외에 간접 비용이 있다. 즉 오염 문제로 인한 건강 악화로 종업원의 생산성이 떨어지고, 회사에 결근하면서 생기는 비용이다. 게다가 이 비용 계산에는 수질 오염에 따른 사회적 비용은 넣지도 않았다. 따라서 이 모든 직접 비용과 간접 비용 그리고 수질 오염에 따른 비용을 모두 고려한다면 오염에 따른 비용은 미국에서만 2,000억 달러라고 해도 과장이 아닐 것이다. 이제 다른 나라들에서도 주기적으로 발생하는 심각한 대기 오염에 신경을 쓴다면(〈그림 4.3〉), 전 세계는 화석 연료 사용에 따른 사회적 비용은 엄청나게 클 것이라는 점을 깨닫게 될 것이다.

둘째로, 원유의 안전한 수송에 투입되는 군사적 비용은 계산하기가 좀

그림 4.3 두 사진은 중국 베이징의 한 지역을 맑은 날과 미세 먼지가 심한 날 각각 찍은 것이다. 베이징의 대기 오염은 늘 심각하므로 바깥 활동을 할 때는 건강에 매우 위협적이다. 심각한 대기 오염은 베이징뿐만 아니라 다른 개발도상국의 인구 밀집 도시 거주민의 기대 수명을 단축한다.

어렵다. 비록 미국이 국제 원유 수송 항로를 지키는 데 많은 군사적 비용을 지불하는 것은 맞지만, 군사적 비용은 또한 다른 목적에도 사용되기 때문이다. 예를 들면, 미 해군의 군함들은 중동 지역의 원유 수송 항로를 방어하는 데 사용되기도 하지만, 국제 테러 조직과 싸우기 위해서도 필요하기 때문이다. 그럼에도 미국 국방성은 안전한 원유 수송을 위한 군사적 비용을 정량화하고자 노력했다. 정확한 결론에 도달하지는 않았지만, 대략 매년 1,000억 달러 정도로 군사적 비용을 추산했다. 하지만 이 비용은 단지 최소 비용(안전한 원유 수송을 위한 방어 비용)만을 계산한 것이고, 중동의 여러 유전 지역에서 발생하는 전쟁 비용과 테러 조직이 자신들의 지위를 유지하기 위해서 유전을 탈취하거나 원유를 판매하는 것을 저지하는 일에 미군이 개입하여 지불하는 비용은 제외한 것이다.

세 번째는 두 가지 형식의 비용인데 대부분의 사람이 동의하는 부분이다. 화석 연료를 탐사하고 채굴하는 에너지 기업에 지급하는 정부 지원금과 이런 활동에 들어간 비용에 대한 세금 감면이다. 실제로 이 두 가지 금액은 세금을 내는 사람들에게는 추가적인 비용이 된다. 미국에서 이 비용은 매년 200억 달러 정도다.

앞서 언급한 비용을 모두 합치면 매년 미국에서만 3,000억 달러가 넘는다. 만일 우리가 화석 연료의 사회적 비용까지 고려하라고 요구한다면 무슨 일이 벌어질까? 예를 들어 휘발유 가격에 사회적 비용을 추가한다고 하자. 미국 운전자들은 매년 1,500억 갤런의 휘발유를 사용한다. 따라서 사회적 비용을 휘발유 가격에 반영한다면, 현재 휘발유 가격에 갤런당 약 2.0달러를 추가적 세금으로 부과해야 한다. 이러면 대부분의 사람은 휘발유 가격이 너무 높다고 깜짝 놀랄 것이다.[9] 하지만 앞서 논의했듯이, 이런 사회적 비용을 포함하는 정당한 가격만이 모든 사람이 실제 가격으로 오해하는 화석 연료의 사회주의적 가격을 끝낼 수 있다.

현재 사회적 비용이 고려된 에너지 요금은 무엇인가?

화석 연료를 사용하면서 발생하는 사회적 비용 대부분은 명확하게 계산할 수 있지만, 몇 가지는 계량화하기가 어렵다. 예를 들면 다음과 같다.

- 원유 유출 사고나 노천 광산, 그리고 수질 오염에 따른 환경 피해이다. 이런 것들의 비용을 정확히 산출하는 것이 어려운 이유는 피해를 입은 환경(바다, 강, 해안가, 갯벌 등)을 얼마나 가치 있게 보느냐에 따라 다르기 때문이다. 하지만 경제학자들은 대략 매년 100억 달러에서 1,000억 달러에 이를 것으로 예측한다. 이것은 미국에서만의 수치이며, 전 세계적으로 확대하면 엄청난 금액이다.
- 에너지를 외국에서 수입하는 나라의 비용 증가이다. 이것 또한 정확히 정량화하기는 어렵겠지만, 예를 들면, 미국 에너지성은 1970년부터 2000년까지 에너지를 수입하는 데 들어간 총비용은 7조 달러라고 발표했다. 즉 7조 달러만큼 국가의 부가 감소한 것이다. 이것은 미국에서만 매년 2,500억 달러의 비용을 지불하는 셈이다.
- 원유에 의존하는 전체주의와 테러 조직에 의한 인적 자원의 손실 비용이다. 민주주의와 자유에 반대하는 조직들이 원유에 의존하여 재원을 마련한다는 것은 잘 알려진 사실이다. 이들은 원유 판매 이익금으로 테러 조직을 만들고, 전 세계에 무자비와 파괴, 증오, 혐오를 퍼

9 나는 3,000억 달러의 비용을 전부 휘발유 사용에 대입한 추가적 비용으로 계산했다. 즉 발전소와 공장에서 사용하는 화석 연료는 고려하지 않은 것이다. 다시 논의하겠지만, 나는 휘발유 세금보다는 탄소세가 더 좋은 방법이라고 생각한다. 탄소세는 모든 화석 연료의 사용에 부가되는 세금이기 때문이다.

트리고 있다. 이들이 파괴하는 것에 어느 정도의 가격을 매겨야 하는지는 어려운 일이지만, 우리가 앞서 언급한 총비용보다 높을지도 모른다.

- 지구 온난화와 연계된 비용이다. 우리가 추산한 비용은 현재까지만 계산한 것이다(그래도 수십억 달러 이상이다). 하지만 미래의 비용은 앞서 언급한 요인들의 상승 작용으로 지금의 예측 비용보다 훨씬 더 클 것이다.

비록 화석 연료의 사용에 따른 사회적 비용 계산에 불확실성이 많다고 해도 사람들은 그런 노력을 멈추지 않는다. 종종 보수적인 경제학자들도 사회주의적으로 책정된 화석 연료의 실제 가격을 높게 제시하곤 했다. 예를 들면, 2006년 에너지 분석가 밀튼 코풀로스(레이건 행정부와 보수기관인 헤리티지 재단에서 일했다)는 원유 가격에 '숨겨진 비용'은 매년 7,800억 달러라고 주장했다. 2015년 국제통화기금(IMF)은 화석 연료에 지급되는 정부 보조금이 전 세계적으로 매년 5조 달러 이상이라고 추정하였다. 게다가 매년 4조 달러 이상은 지구 온난화가 심각하다고 판단되는 시기에도 지급된 것이다.[10]

이제 우리가 확신할 수 있는 것은 당신이 어떻게 보든 실제 화석 연료 가격은 현재 형성된 시장 가격과 전혀 연관이 없다는 것이다. 현재 가격은 사회와 세금 납부자에게서 얻은 재원으로 형성된 것이다. 이런 사회주의적 가격 형성은 세대에서 세대로 계속 진행될 것이다. 이렇게 되면 우리의 후손이 지구 온난화로 인한 피해를 포함하는 사회주의적 화석 연료 가격을 감당해야만 한다. 그래서 현재의 화석 연료 가격이 사회주의적 에너지 경제라고 주장하는 이유이다.

10 밀튼 코풀로스의 2006년 의회 증언 보고서는 웹사이트(www.evworld.com/article.cfm?storyid=1003)에서 볼 수 있다. 또한 IMF 보고서는 'blog-imfdirect.imf.org/2015/05/18/act-local-solve-global-the-5-3-trillion-energy-subsidy-problem.'에서 찾아볼 수 있다.

Q 현재 수준의 에너지 가격을 고수하는 정치인은 은밀한 사회주의자라고 보는 것인가?

나는 그런 사람들의 이름을 일일이 호명하지는 않겠다. 하지만 나는 사람들이 앞서 설명한 사회주의적 에너지 가격에 관해 관심을 갖지 않는 것에 항상 놀라워했다. 게다가 역설적인 상황은 자신을 자유 시장 경제주의자라고 하는 보수적인 사람들 또한 에너지 가격의 변화에 대하여 매우 부정적이었다. 그 때문에 나는 이런 정치인들은 아마도 에너지에 대한 충분한 지식이 부족할 것으로 의심하고 있다. 그러나 그들이 에너지에 관련된 지식을 충분히 이해하면, 다른 경제 영역에서 적용한 것과 같은 방식으로 에너지 시장 가격에 자유 시장 원리를 적용할 것으로 믿는다. 나는 또한 5장의 도입부에 인용한 레이건의 연설을 보수주의 정치인들이 보수주의 정의의 핵심으로 가슴에 새길 것으로 믿는다.

미래를 향한 깨끗한 경로

화석 연료의 사회주의적 가격에 대한 특정한 영역에서 많은 논쟁이 있겠지만, 분명한 사실은 개인이나 기업이 지불하는 화석 연료 가격보다 실제 가격이 매우 높다는 것은 의심의 여지가 없다는 것이다. 내가 수치로 보여준 것은 휘발유의 갤런 가격이 지금보다 약 2.0달러 이상 높아야 정상이라는 것이다. 실제 화석 연료 가격이 시장 가격보다 몇 배 더 높을 수 있다. 이런 아이디어에서 출발해 나는 에너지와 환경 오염, 그리고 지구 온난화 문제를 동시에 해결하는 '모두가 이기는' 해결책을 제시하고자 한다.

우리는 미래에 진정한 에너지 자유 시장을 도입할 수 있는가?

만일 현재 사회주의적 방식으로 형성된 화석 연료 가격을 실제 모든 비용이 포함된 가격으로 설정한다면 무슨 일이 벌어질지 상상해 보라. 그러면 이제는 화석 연료와 다른 에너지원 간의 공정한 가격 비교를 바탕으로 에너지를 구입하게 될 것이다. 나는 시장 경제 지지자이다. 나는 그런 공정한 비교를 바탕으로 형성된 자유 시장이 존재한다면, 태양광, 풍력, 그리고 원자력은 실제 화석 연료보다 가격이 낮을 것이라고 믿는다. 그런 상황이 오면, 에너지 가격의 시장 경제는 지구 온난화를 해결하는 방향으로 해결책을 찾을 것이다. 왜냐하면 화석 연료 가격이 다른 에너지 가격보다 비싸지면 사람들은 값싼 에너지를 구하려고 하는 경제적 동기를 부여받기 때문이다. 또한 진정한 에너지 시장 경제 확립은 많은 기업이 새로운 기술을 개발하도록 자극을 준다. 왜냐하면 현재 인위적으로 낮추어진 화석 연료 가격 시스템보다 더 많은 이익을 낼 수 있는 잠재력이 새로운 에너지 기술에 있기 때문이다.

현실적으로 에너지의 자유 시장 확립에 가장 필요한 절차는 현재 사회주의적 방식으로 형성된 가격을 실제 시장에서의 가격으로 바꾸는 것이다. 정치적 이념을 떠나서 대부분의 경제학자가 모두 동의하는 확실한 방법이 하나 있다. 바로 '탄소세'를 시행하는 것이다. 탄소세는 화석 연료 사용에 따른 사회적 비용을 모두 고려하는 비용이다. 이렇게 하면 시장은 화석 연료의 진짜 가격을 반영할 것이다. 사실 탄소세 아이디어는 모든 정치적 색채를 떠나서 대부분의 경제학자가 수용하는 방식이기에 일반적인 유용성에 대해서는 논쟁의 여지가 없다. 하지만 탄소세를 시행하는 구체적 방식에 대한 두 가지 핵심적인 논쟁거리는 존재한다. 1) 탄소세 가격은 얼마로 할 것인가? 2) 탄소세로 거둬들인 재원은 어떻게 사용할 것인가?

우선 첫 번째 논쟁을 살펴보자. 원리적으로 탄소세는 화석 연료 사용에 따른 사회적 비용을 최대한 높게 고려해야 한다. 하지만 실제로 높은 탄소세가 화석 연료에 부가된다면, 시행 초기에는 나라 경제에 큰 부담이 될 것이다. 하지만, 이런 우려에 대한 해법은 있다. 탄소세를 처음에는 낮은 금액으로 시작해서 경제에 영향을 주지 않는 범위에서 차츰 올리는 것이다. 그러면 개인과 기업 모두 가격 상승의 충격을 감내할 시간을 갖게 된다.

두 번째 의제는, 아마도 가장 상식적인 답변이겠지만, 화석 연료 사용과 연관된 사회적 비용을 소비자들에게 되돌려 주어야 한다는 것이다. 즉 세금을 낸 사람들과 사회에 말이다. 대략 보면, 세 가지 방식으로 이 재원을 쓸 수가 있다. 1) 탄소세가 거둬들인 추가적 세금만큼 다른 세금을 낮추는 것이다. 2) 사회 구성원 모두에게 탄소세 재원을 배당금으로 나누어주는 것이다. 3) 사회에 도움이 되는 공공 프로젝트의 기금으로 사용하는 것이다. 예상하지만, 우리는 정치적 이념이 다른 사람들이 모인 사회 공동체이기에 이런 방안에 대하여 어떤 무게감을 가지고 어떤 결론에 도달할지는 아무도 모른다. 예를 들면, 보수주의자는 다른 분야의 세금을 낮추는 방안을 선호할 것이고, 진보주의자는 배당금을 나누어 주거나 정부의 지출을 늘리는 쪽을 선호할 것이다.

개인적으로, 탄소세로 얻어진 재원을 어떻게 쓸 것인가에 대해서는 별로 관심이 없다. 오히려 나는 탄소세를 잘 만들어서 어떻게 지구 온난화 방지를 위한 핵심적인 에너지 자유 시장을 확립할 것인가에 관심이 많다. 즉 나에게 이런 문제를 해결할 권한이 주어진다면, 경제학자들이 이야기하는 '세수 중립' 정책을 펼칠 것이다. 즉 탄소세 수입으로 다른 세금을 낮추거나 배당금으로 쓸 것이다.[11] 나의 이런 선택은 정부의 재정 확대를 반대해서가 아니다. 탄소세 사용 수위를 조절하는 것과 지구 온난화를 해결하는 것과는 별개라는 것이다. 또한 나는 세금 감면과 배당금 간의 무게 조정에서 모든 사람에게 균등하게 돌아가는 배당금에 무게를 두고 싶다. 왜냐하면 탄소세는 가난한 사람들에게 더 큰 부담이 되기 때문에 내 개인적인 감수성은 가난한 사람들이 배당금으로 탄소세의 충격을 줄일 수 있기를 바라기 때문이다. 세금 감면은 이미 적은 세금을 내는 가난한 사람들에게는 큰 도움이 되지 않는다. 하지만 배당금은 손에 들어온 현금이기 때문에 일반인들의 생활에 도움이 된다.

요약하면, 탄소세는 에너지 가격의 진정한 자유 시장 경제를 만드는 간단하고도 좋은 기회를 제공한다. 어쩌면 나는 자유 시장을 너무 과도하게 신봉하는지도 모른다. 하지만 우리가 에너지 가격에 대한 자유 시장 경제를 성공적으로 확립할 수 있다면, 지구 온난화에 대한 해결책을 빨리 찾아낼 수 있을 것이다. 동시에 우리 경제는 좀 더 강해질 것이고, 삶의 질 또한 향상될 것이다. 그렇기 때문에 어떤 정치적 설득과는 무관하게, 나는 당신

11 이런 방식은 2016년 미국 워싱턴주에서 '국민투표 732'로 시행되었다.

이 탄소세에 대한 찬성 운동에 적극적으로 참여하기를 희망한다. 탄소세는 에너지 경제를 좌지우지하는 현재의 사회주의적 가격을 끝낼 것이다.

Q 이산화탄소 배출에 따른 세금 대신 '배출권 거래제'는 어떤가?

'배출권 상한 및 거래'는 탄소세와 같이 화석 연료 사용을 줄이고 이산화탄소를 배출하지 않는 기술에 투자하도록 시장에 압박을 가하는 것이기 때문에 지구 온난화의 또 다른 해결 방안이 된다. 이런 방식에 대한 상세한 자료는 '탄소 거래'라는 주제를 찾아보면 된다. 간단히 이야기하면, 정부는 기업이 배출할 수 있는 최대의 이산화탄소 배출량을 법으로 정한다. 이것을 상한선(cap)이라고 한다. 상한선 범위 내에서 기업은 배출량을 팔거나, 경매하여 다른 기업이 어느 정도의 배출량을 가지고 갈 수 있도록 한다. 기업은 배출량을 사거나 팔 수 있기 때문에 거래(trade)한다고 한다. 즉 이산화탄소 배출 상한선을 넘어서는 기업은 상한선 아래의 이산화탄소를 배출하는 기업에서 추가적인 이산화탄소 배출권을 살 수 있다. 이렇게 되면, 기업은 가능한 이산화탄소 배출량을 줄이고, 절약된 이산화탄소를 팔아서 이익을 남기고자 할 것이다. 따라서 이산화탄소 배출량은 줄어들게 된다. 시간이 지남에 따라 각 기업에 배당된 배출량 상한선을 낮게 배정하면, 결국 이산화탄소의 배출량은 감소하게 될 것이다.

배출권 거래제는 미국에서 다른 오염 물질 감소에 적용해 큰 성공을 거두었다. 미국에서 대기 오염 물질에 대한 이러한 제도의 적용으로 산성비의 원인이 되는 오염 물질이 극적으로 감소하였다. 온실가스에 대한 배출권 거래제는 이미 유럽과 다른 몇몇 국가에서 시행하고 있다. 또한 미국 캘리포니아주를 비롯하여 몇몇 주에서 시행하고 있는데, 이런 시도가 성공적인지 아닌지에 대해서는 아직 논쟁이 남아 있다. 2009년 미국 하원이 발의한 배출권 거래제 법안은 상원에서 부결되었다.

배출권 거래제는 이산화탄소 배출을 성공적으로 줄일 것이다. 하지만 나는 탄소세가 더 확실한 방법이라고 생각한다. 그 이유는 다음의 두 가지 때문이다. 1) 배출권 거래제는 탄소세보다 복잡한 방식이다. 왜냐하면 배출권의 거래를 위한 시장이 형성되어야 하고, 또한 계속 유지되어야 가능하기 때문이다. 2) 탄소세의 경우 대중들은 자신이 구입하는 연료의 실제 가격을 알 수 있는 데 반하여, 우리가 보지 못하는 곳에서 이루어지는 배출권 거래에 따라 실제 연료에 다른 가격이 존재한다는 것을 분명하게 느끼지 못한다. 이런 단점 때문에, 나는 탄소세가 간단하고 효과적인 방법이라고 생각한다. 하지만 배출권 거래제가 정치적으로 실행하기가 편한 방식이라면, 아무것도 안 하는 것보다는 나은 선택이다.

Q 태양 전지, 풍력에 대한 보조금 지급, 자동차 표준 운행 거리 규제와 같은 지구 온난화에 대한 정부의 해결 방안은 어떠한가?

과거에 나는 이런 방법 모두를 지지했다. 왜냐하면 이 방법들이 지구 온난화의 문제를 해결하는 데 조금이라도 도움이 되기 때문이었다. 하지만 우리가 앞서 논의한 탄소세를 진정으로 실행에 옮기게 되면, 다른 부수적인 해결 방안은 필요가 없게 된다. 왜냐하면 탄소세가 시행되면, 자유 시장이 화석 연료의 사용을 줄어들게 할 것이다. 이 방안은 정치적인 조치보다 훨씬 우월한 방안이다. 당신이 정부의 규제를 찬성하거나 반대하거나, 또는 자유 시장을 선호하거나 반대하거나, 시장 경제는 우리가 모두 동의하는 탄소세에 대하여 충분히 잘 작동할 것이다.

5 후손에게 전하는 편지

보수라는 것은, 우리가 사는 땅, 강, 들, 그리고 숲과 같이 우리와 함께 있는 것들을 유지하고, 지키는 데 헌신하는 사람들이다. 이것이 보수의 유산이다. 이것이 우리가 후손에게 물려주어야 할 것이다. 우리의 도덕적 책임은 우리가 발견한 것보다 더 좋은 상태로 지구와 환경을 후손에게 물려주는 것이다.

_____ 로널드 레이건 대통령(1984년 6월 19일 , 미국 지구과학협회 본부 건물 헌정식에서 수행한 연설)

내가 가장 걱정하는 것은 나의 어린 자식이 언젠가 나에게 이렇게 물었을 때 제대로 답할 수 없다는 것이다. 우리에게 위협이 크게 다가왔을 때, 당신은 왜 당신이 할 수 있는 모든 것을 다하지 않았나요? 당신은 왜 우리의 미래를 위하여 최선을 다해 싸우지 못했나요?

_____ 폴 라이언(2015년 10월 20일, 하원 의장으로 선출되면서 한 연설)[1]

이 책에서 나는 지구 온난화와 그 결과 그리고 해결 방안이라는 이슈 뒤에 숨겨진 많은 주제에 대해 자세하게 설명했다. 만일 이것이 과학 혼자만의 문제라고 여긴다면, 수천 명의 과학자가 자신의 일생을 바쳐 기후를 연구하고 그것이 지구 온난화에 미치는 영향을 연구하면 된다. 하지만 어느 과학자도 지구 온난화의 세부 주제에까지 전문가가 되지는 못한다. 그러나 나는 당신이 방송과 미디어에서 들은 것과 정치인들의 무지에도 불구하고, 이제는 지구 온난화라는 사실이 단순하고 명확하다는 점을 확신하고 있다고 믿고 싶다. 이제 우리가 알고 있는 것을 조금 다른 방식으로 요약해 보자.

1 라이언은 자신이 하원 의장에 지명되었을 때 그것을 수락하는 연설에서 이렇게 말했다. 그런데 내가 이 연설을 인용한 이유는 다른 정황에서도 충분히 적용될 수 있는 감정을 표현했기 때문이다.

- 물리학의 법칙에 따르면, 우리가 대기권에 이산화탄소 배출을 증가시키면, 지구 온난화를 예상해야 한다.
- 지난 몇십 년간 수천 명의 과학자가 수집한 자료에 따르면, 지구 온난화는 예상대로 진행 중이며, 지구 온난화는 우리의 미래에 치명적인 위협이 될 것이다.
- 지구 온난화는 쉽게 해결할 수 있는 문제가 아니다. 하지만 우리는 지구 온난화의 심각한 결과를 해결할 수 있는 적합한 기술을 가지고 있다. 또한 이런 기술은 경제를 더 강하게 하고, 우리 삶의 질을 높여줄 것이다.

이를 바탕으로 하여, 나는 개인적인 방식으로 문제 해결을 위한 당신의 역할이 무엇인지를 제안하면서 이 책을 마무리하고 싶다.

평균적으로, 우리는 우리의 손주보다 50~60세 정도 나이가 많다. 예를 들면, 만일 당신이 이 책을 읽고 있는 2020년에 고등학교 학생이라면, 당신의 손주는 2070년쯤 고등학생일 것이다. 만일 당신이 한창 일할 나이라면, 당신의 손주 또한 2070년에 한창 일할 나이일 것이다. 당신이 지금 노인이라면, 당신의 손주 또한 2070년에 노인이 될 것이다. 그래서 당신이 당신의 미래 손주에게 주는 편지를 작성해서 타임캡슐에 넣고 50년 후에 편지를 열어본다고 한번 상상해 보자. 편지는 〈그림 5.1〉처럼 쓴다고 하자. 오늘날 지구 온난화가 우리의 미래에 진짜 위협이 되고 심각한 위험이 된다는 것을 알고 있는 상황에서, 우리가 한 것과 하지 않은 것에 대하여 손주들에게 뭐라고 말할 것인가?

이 경우 상황이 비록 명확하지는 않지만, 우리가 편지를 쓰는 것은 어려운 일이 아니다. 나는 지구 온난화의 이슈에 감춰진 기본적인 과학적 사실을 사람들에게 교육하는 데 모든 노력을 계속할 것이다. 나는 탄소세를 밀어붙이는 데 모든 노력을 다할 것이다. 왜냐하면 탄소세는 지구 온난화를 해결할 수 있는 가장 간단하고 명확한 방안이기 때문이다. 나는 지구 온난화를 제대로 인식하고 있는 정치인을 지지할 것이다.[2] 그리고 우리의 미래와 후손을 지키기 위해 힘겨운 발걸음을 할 것이다. 당신도 미래를 위하여 이런 헌신에 동참하기를 희망한다.

—50년 후에 열어볼 것—

나의 손주에게,

내가 너에게 편지를 쓰고 있는 지금 20XX년, 많은 사람들이 지구 온난화가 실제로 위협이 되는지를 논쟁을 벌이고 있다. 지구 온난화가 얼마나 심각한 위협이 되는지는 네가 내 나이가 되었을 때 확실해질 것이다. 나는 지구 온난화의 여러 증거를 살펴보았고, 그래서 나는 지구 온난화를 막기 위해 이런 일을 하고자 결심했다. [당신이 결심한 내용을 적어라.]

.
.
.
.
.

네가 맞이하는 세상이 좋은 세상이기를 희망한다.
사랑한다.

[당신의 이름]

그림 5.1 평균적으로 약 50년이 지나면 당신 손주가 지금의 당신 나이가 된다. 이런 형식의 편지를 작성해 50년 후에 개봉하도록 하고 타임캡슐에 넣는다. 그리고 손주들이 편지를 보고 당신 손주들의 미래를 위하여 당신이 한 것과 하지 않은 것들에 대하여 어떻게 느낄지 한번 생각해보라.

2 이것은 '단일 안건 투표'가 아니다. 하지만 정치인들이 지적이고 생각이 깊다는 점을 대중에게 증명하는 한 가지 경우라고 생각한다. 우리는 이 책에서 지구 온난화에 대한 엄청난 증거를 보여주었다. 그럼에도 지구 온난화를 받아들이기를 거부하는 사람들은 우리의 국가 안보, 경제 그리고 다른 복잡한 이슈에 대한 우리의 신뢰를 저버리는 것이다.

감사의 말

비록 내가 이 책의 저자라고 하지만, 나는 이 책의 저자로서 자격이 거의 없다. 왜냐하면, 이 책에 서술된 연구 내용은 모두 다른 사람의 업적이기 때문이다. 따라서 감사는 대부분의 다른 과학자에게 먼저 돌려야 한다. 지구 온난화의 여러 영역에서 그 의미와 상세한 과학적 사실을 밝히는 데 일생을 헌신한 세계의 여러 과학자에게 감사를 드린다. 또한 웹사이트에 지구 온난화에 관한 간단하고 명확한 정보를 올려준 과학자들에게도 감사를 드린다. 이런 웹사이트는 이 책에 포함된 여러 상세한 연구를 탐색하는 데 매우 소중한 자료가 되었다.

이 책의 교육학적 접근 방식은 내가 수많은 사람으로부터 받은 도움으로 가능했다. 특히 나와 함께 학교 교재를 같이 서술한 닉 슈나이더, 메간 도너휴, 그리고 마크 보이크에게 감사를 드린다. 또한 2장의 중심적 주제를 형성하는 네 가지 회의적 주장을 제안한 슈나이더 박사에게도 감사를 드린다.

또한 이 책을 꼼꼼하게 검토해 준 여러 독자에게도 감사를 드린다. 우선 스티브 몬츠카에게 감사를 드린다. 그는 이 책의 원고를 처음으로 검토한 전문가로서 이 책의 내용을 개선하는 데 필요한 많은 제안을 해 주었다. 또한 추가로 전문가 검토를 해준 스콧 만디아, 윌리엄 베커, 데이비드 베일리, 데이비드 북바인더, 제임스 매케이, 키스텐 메이마리스, 그레그 메이마리스, 숀 베크만, 요람 바우만, 존 버그만, 민다 버베커, 글렌 브랜치, 피어스 포스터, 윌리엄 게일, 데이브 클레리, 로저 브리스에게 감사를 드린다. 지구 온난화의 비전문가인 마트 리비, 헬렌 젠터, 수잔 네딜, 발 힐러, 그리고 오랜 친구인 편집자 조안 마쉬에게도 감사를 드린다. 그들은 이 책에 대한 훌륭한 피드백을 주었다.

이 책을 출간하는 데 도움을 준 샌프란시스코에 있는 사이드 바이 사이드 스튜디오의 마크 옹과 수잔 라일리에게도 감사를 드린다. 마트와 수잔은 이 책의 디자인 작업을 했고, 또한 유익한 제안을 많이 해 주었다. 이 책의 웹사이트(globalwarmingprimer.com)를 멋지게 만들어준 콜로라도주 볼더에 있는 사프론 디자인의 코트니 파우스트에게도 감사를 드린다. 마지막으로 나에게 영감과 통찰력, 그리고 지지를 아끼지 않았던 아내 리사, 나의 아이들 그랜트와 브룩에게도 감사를 전한다.

추가 자료들

인간의 역사는 교육과 재난 사이의 기나긴 경주이다.

_____ H. G. 웰스, 1920

지구 온난화에 대해서는 엄청나게 많은 자료가 있다. 나는 대부분을 가지고 있지만, 여기서는 개인적으로 좋아하는 몇 가지 자료만을 분류하여 소개하겠다.

성인을 위한 책

만일 당신이 지구 온난화에 대한 책을 한 권 더 읽고 싶다면, 나는 스펜서 위어트가 쓴 『지구 온난화를 둘러싼 대논쟁(The Discovery of Global Warming)』(동녘사이언스, 2012, 김준수 역)을 추천하고 싶다. 이 책은 우리가 지금 알고 있는 것을 어떻게 알게 되었는지에 대하여 상세하게 설명하고 있다. 위어트 박사는 이 책의 확장판을 웹사이트(www.aip.org/history/climate/)에 올려놓았다.

어린이를 위한 책

내가 쓴 책을 추천한다고 너무 기분 나빠하지는 마라. 『The Wizard Who Saved the World』(Big Kid Science, 2011)를 아이들에게 추천한다. 이 책은 지구 온난화의 기본적인 과학적 내용을 설명하고 있다. 그리고 아이들이 긍정적이고 감동적인 미래를 꿈꿀 수 있는 견해를 갖도록 도와준다. 또한 어린이들이 미래를 위하여 어떻게 기여할 수 있는지도 알려준다. 이 책은 국제 우주정거장의 우주 프로그램의 하나인 '이야기 시간(Story Time)'에서 읽을 책으로 선정되었다. 그리고 일본인 우주인 코이치 와카타가 우주정거장에서 정말 이 책을 읽었다. 그가 이 책을 읽는 동영상은 웹사이트(www.

일본인 우주인 코이치 와카타가 우주 정거장에서 『The Wizard Who Saved the World』를 읽고 있다. 이 책은 어린이를 위한 지구 온난화의 과학적 사실과 그 해결 방안을 서술한 책이다. 이 책은 우주 프로그램의 하나인 '이야기 시간'이라는 웹사이트에 올려져 있다(www.StoryTimeFromSpace.com).

StoryTimeFromSpace.com)에서 찾을 수 있다.

동영상

이 주제에 대한 일반적인 개요를 보여주는 45분짜리 동영상은 닐 디그레스 타이슨이 설명하는 「코스모스(cosmos)」라는 방송 시리즈물의 12번째 이야기(The World set free, 해방된 세상)이다. 아마도 넷플릭스(Netflix)나 다른 방송에서도 시청이 가능할 것이다. 미국학술원(National Academy of Science)에서도 「지구 온난화 : 여러 증거」라는 제목의 26분짜리 동영상을 만들었다. 이 동영상은 지구 온난화의 증거들을 요약해서 보여준다. 만일 당신이 충분히 시간이 많다면, 당신은 Show Time 다큐멘터리 시리즈인 「Years of Living Dangerously」라는 9시간짜리 연속극을 시청하기를 바란다.

웹사이트

- climate.nasa.gov : NASA가 제공하는 이 웹사이트는 지구의 기후 변화에 관한 요약을 잘 보여주고 있으며, 최신 자료를 계속해서 올리고 있다.

- skepticalscience.com : 이 책에서 다룬 여러 회의적 질문들의 범위를 벗어나는 내용은 이 웹사이트에서 찾아볼 수 있다. 특히 웹사이트의 왼편에 나열된 '기후의 신화'라는 항목은 읽어볼 가치가 있다.
- climatecentral.org : 이 웹사이트에서는 지구 온난화에 대하여 당신이 궁금해하는 모든 것에 대한 요약과 최신 뉴스를 볼 수 있다.
- www.ipcc.ch : 이 웹사이트에서는 '기후 변동에 대한 국가적 패널(Intergovernmental Panel on Climate Change)이 발간하는 최근의 보고서를 찾아볼 수 있다. 이 보고서에는 전 세계 수천 명의 과학자의 연구 내용을 담고 있다.
- 그 외 몇몇 흥미 있는 웹사이트는 다음과 같다.
  climatecommunication.org, realclimate.org, yaleclimateconnections.org,www2.sunysuffolk.edu/mandias/global_warming/
- 지구 온난화 이외에 우리의 후손에게 영향을 미칠 만한 중요한 이슈에 대한 자료는 www.contractwiththefuture.org에서 찾아볼 수 있다.

마지막으로, 이 책에 관하여 추가적인 자료를 얻거나 나와 의견을 나누고자 한다면, www.globalwarmingprime.com을 방문하길 바란다.

찾아보기

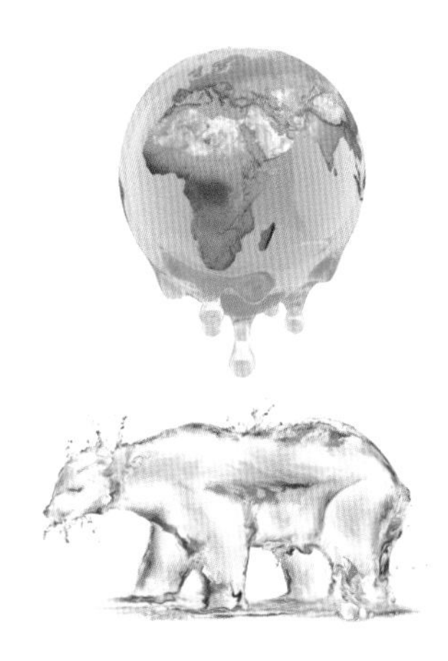

저자 소개

제프리 베넷(Jeffrey Bennett)

제프리 베넷 박사는 미국 캘리포니아 샌디에이고 대학교에서 생물물리학 학사 학위를 취득하고, 미국 콜로라도 대학교에서 천체 물리학 석사 및 박사 학위를 취득했다. 그는 유치원생부터 대학원생까지 폭넓은 교육 경력을 가지고 있으며 워싱턴 D. C.의 내셔널 몰에 'Voyage Scale Model Solar System'을 제안하고 개발하는 데 일조했다. 또한 NASA 본부에서 방문 연구자로 2년간 재직하면서 '정량적 추론' 강좌를 개설하고, 연구부서와 교육부서의 강력한 연계를 구축하기 위해 다양한 프로그램을 개발했다.

그는 천문학, 천체생물학, 수학, 통계학 등의 대학 교재를 집필하였고, 현재까지 약 150만 부 정도가 판매되었다. 몇몇 책은 일반 대중, 어린이, 그리고 교육자들로부터 호평을 받았으며 미국물리학회로부터 홍보상을 받았다.

게다가 그가 저술한 책 중에서 7권이 우주정거장으로 보내졌다. 그가 저술한 『The cosmic perspective』라는 책은 2009년에 아틀란티스 우주발사체에 실려서 허블 우주 망원경 프로그램에 보내졌다. 그리고 그 외의 6권의 책은 어린이를 위한 책으로, 현재 우주정거장에서 우주 프로그램의 하나인 '이야기 시간(Story Time)'에 우주인들이 그 책을 읽도록 하고 있다. 저자에 대한 더 자세한 내용은 저자의 웹사이트(www.jeffreybennett.com)를 참조하기를 바란다.

역자 소개

한귀영

현재 성균관대 화학공학부 교수이다. 연세대, KAIST 그리고 미국 Lehigh 대학에서 화학공학을 전공했으며, 약 30년간 태양열 및 수소에너지 그리고 이산화탄소 저감 기술을 연구한 신재생 에너지 전문가이다.

번역서로는 『새로운 사고의 엔지니어 성공학』, 『여성 공학자로 산다는 것』이 있다. 과학의 날 국무총리 표창, 국가 녹색기술 대상, 한국태양에너지학회 학술상, 한국화학공학회 범석논문상, 성균 가족상을 수상하였다.

옮긴이의 말

우리는 휴대폰, 인공지능, 자율주행 자동차 등 빠른 변화의 시대에 살고 있다. 1년만 지나도 과학, 공학, 문화의 다양한 영역에서 새로운 기기와 더불어 새로운 변화가 밀려들고 있다. 그런데 우리가 빨리 변화하는 것에만 관심을 가지다 보면, 우리 문명과 삶의 질에 큰 영향을 미칠 수 있는 느린 변화에는 오히려 무관심해지게 된다. 하지만 비록 느린 변화일지라도 우리 지구의 생태계, 문명, 그리고 인류의 삶에 치명적일 수 있는 변화가 하나 있는데 바로 지구가 천천히 더워지고 있다는 것이다. 느린 변화는 우리에게 즉각적인 영향을 주지는 못하지만, 그 변화가 어느 한계점을 지나게 되면 되돌리기 매우 어렵다는 특징을 가지고 있다. 즉 관성의 힘이 크다는 것이다.

이 책은 지구상에서 벌어지고 있는 바로 이런 느린 변화 중에서 인류에게 가장 큰 위협이 될 수 있는 지구 온난화에 관한 내용을 담고 있다. 역자는 약 30년간 에너지 관련 연구를 해 왔으며, 특히 신재생 에너지 관련 연구를 하면서 화석 연료의 부족, 화석 연료의 사용에 따른 환경 오염을 해결할 수 있는 공학적 방안에 몰두해 왔다. 최근에는 지구 온난화의 원인이 되는 이산화탄소 배출을 저감하는 연구를 주로 수행하였다. 이 연구 과정에서 지구 온난화와 기후 변화에 대한 천문과학자, 기상학자, 천체물리학자들의 책을 읽으면서 지구 온난화의 심각성에 대하여 깊이 깨닫게 되었다. 이 책에서도 논의했듯이 지구 온난화에 대해서는 여러 영역에서 논란의 여지가 있는 것은 사실이다. 회의론자의 주장에도 어느 정도는 주의를 기울여야 한다. 하지만 분명한 사실은 지구가 더워지고 있다는 것이다. 얼마나 빨리, 그리고 어느 정도가 되어야 인류에게 심각한 위협이 될지에 대해서는 논란의 여지가 있지만, 분명한 것은 미래의 인류에게 대단히 위협적인 일이 되리라는 것이다.

이 책을 쓴 저자 제프리 베넷은 지구 온난화에 대해 가장 명쾌하고, 흥미롭게, 그리고 설득력 있게 서술했다. 역자가 꼭 번역해서 많은 사람에게 소개를 하고 싶은 욕구를 불러일으킨 책이었다. 하지만 책의 4장인 해결책 부분에서는 논쟁의 여지가 있다고 생각한다. 저자가 제시한 신재생 에너지, 원자력, 태양광, 그리고 탄소세, 이산화탄소 포집 및 매립 반대 의견 등은 지극히 개인적인 의견이다. 또한 그가 책에서 밝혔듯이 그가 제안한 해결책은 그의 전공 분야도 아니다. 그가 제시한 해결책은 깊이 있는 과학적, 공학적, 그리고 경제적 논의와 추가적이고 장기적인 연구가 필요한 부분이다.

우리는 종종 TV에서 전염병으로 죽어가는 환자를 살리기 위해 혼신의 힘을 다하는 의사나 간호사의 모습에 큰 감동을 한다. 하지만 전염병을 예방하기 위해 상수도, 하수도, 그리고 방역 시스템을 잘 설계하고 유지하는 공학자들에게는 매스컴에서조차 큰 관심이 없다. 왜냐하면 예방은 평상시와 다름없는 상태를 만드는 것으로 여기에는 감동적인 절박함이나 긴박함이 없기 때문이다. 게다가 충분하고 효과적인 방역 시스템이 없어서 수백만 명이 전염병으로 죽어갈 때도 공학의 존재 가치에 대한 중요성은 찾아보기 힘들다는 것이다. 지구 온난화를 방지하기 위한 공학자들의 노력이 결실을 보아서 지구가 안전한 행성으로 남아 있게 되더라도, 인류는 공학자의 노력이나 가치에는 관심이 없으리라는 것이다. 왜냐하면 지난 일상과 비교하여 변한 것이 없기 때문이다. 원치 않는 환경 변화를 억제하는 것은 원치 않는 변화가 일어나서, 이에 대해 뒷수습을 하는 사람들을 보는 것보다 감동을 주지는 않지만, 그 가치는 몇몇 생명이 아니라 수억 명의 생명을 구하는 고귀한 일이다. 따라서 공학자는 남이 알아주지 않아도 자부심을 느끼고 자기 일을 묵묵히 해야만 하는 것이다.

오랜 기간 우리가 사용하는 다리가 무너지지 않는 것은 공학자들의 정확한 설계, 시공 그리고 철저한 관리 덕분이다. 다리가 무너지지 않는 것을 당연한 것으로 여겨서는 안 된다. 무너진 다리에서 다친 사람을 구하는 감동적인 드라마보다는 눈에 보이지 않는 꾸준한 관리로 어떤 사고도 일어나지 않는 상황이 더 가치 있는 것이다.

마지막으로 이 책이 우리나라 이공 분야 전문가들에게도 대중을 위한 과학적, 공학적 책을 저술하거나 번역하는 자극제가 되어주길 희망한다.

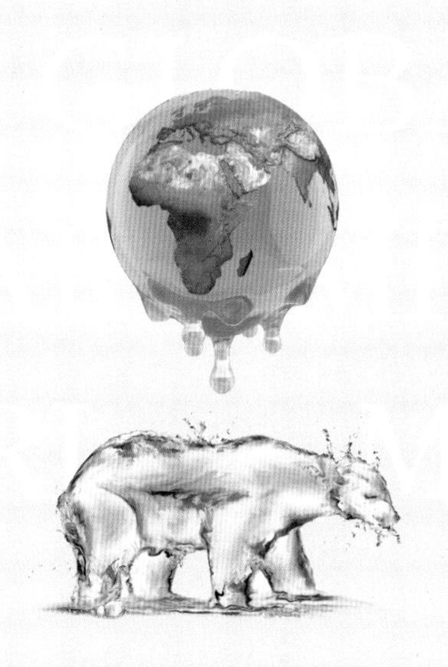

우리가 반드시 알아야 할
지구 온난화의 모든 것

1판 1쇄 발행 2020년 12월 18일
1판 2쇄 발행 2021년 7월 23일

지은이 | 제프리 베넷
옮긴이 | 한귀영
펴낸이 | 신동렬
책임편집 | 구남희
편집 | 현상철·신철호
외주디자인 | 심심거리프레스
마케팅 | 박정수·김지현

펴낸곳 | 성균관대학교 출판부
등록 | 1975년 5월 21일 제1975-9호
주소 | 03063 서울특별시 종로구 성균관로 25-2
전화 | 02)760-1253~4
팩스 | 02)760-7452
홈페이지 | http://press.skku.edu

ISBN 979-11-5550-436-9 03450

※잘못된 책은 구입한 곳에서 교환해 드립니다.